铁皮石斛

优质高效栽培技术

斯金平　俞巧仙　宋仙水　朱玉球　叶智根　编著

图书在版编目（CIP）数据

铁皮石斛优质高效栽培技术 / 斯金平等编著. —北京：中国农业出版社，2014.3（2019.7 重印）

ISBN 978-7-109-18934-8

Ⅰ. ①铁… Ⅱ. ①斯… Ⅲ. ①石斛－栽培技术 Ⅳ. ①S567.23

中国版本图书馆CIP数据核字(2014)第036344号

中国农业出版社出版

（北京市朝阳区农展馆北路2号）

（邮政编码100125）

责任编辑　何致莹　黄向阳

北京中科印刷有限公司印刷　　新华书店北京发行所发行

2014年4月第1版　　2019年7月北京第9次印刷

开本：710mm×1000mm 1/16　　印张：7.25

字数：150 千字

定价：48.00元

中共中央原政治局委员、全国政协原副主席杨汝岱先生为作者题词

金元四大家、滋阴派创始人朱丹溪

作者简介

ZUOZHE JIANJIE

斯金平

1964年5月生，浙江义乌人，教授，浙江省151第一层次人才。现任浙江农林大学天然药物研发中心主任、国家中医药管理铁皮石斛品种选育与生态栽培重点研究室主任、浙江铁皮石斛产业国家科技特派员创业链首席特派员、浙江省铁皮石斛产业技术创新战略联盟秘书长、中国经济林协会林药专业委员会常委兼副秘书长、中国植物学会药用植物专业委员会委员。主持铁皮石斛研究的国家级与省部级重大项目等10余项。编写出版了《仙草之首——铁皮石斛养生治病》、《厚朴》、《名特优柑橘绿色栽培与经营技术》、《药用植物遗传改良案例》、《特色中药材高效生产技术》等著作14部。

俞巧仙

1966年1月生，浙江义乌人，高级心里咨询师、高级经济师。现任森宇控股集团董事局主席、浙江省铁皮石斛产业技术创新战略联盟理事长。浙江省第七、第八、第九、第十届政协委员。曾获得“国家科学技术进步二等奖”，先后荣获“全国三八红旗手”、“全国妇联十佳巾帼企业家”、“浙江省十佳女杰”、“科技新浙商”等称号。1999年主持国家农业综合开发项目“铁皮石斛组织培养高产栽培研究与综合开发”，2001年主持国家“十五”科技攻关项目“天然药用植物铁皮石斛品种组培工厂化”。专注铁皮石斛产业，编写出版了《仙草之首——铁皮石斛养生治病》、《名贵中药——铁皮石斛》等著作。2013年企业铁皮石斛产值超过7亿元。

宋仙水

1971年10月生，浙江乐清人，工商管理硕士。现任浙江铁枫堂科技股份有限公司董事长、道地药材国际贸易联盟副理事长、中国医药物资协会副会长、国家中医药管理铁皮石斛品种选育与生态栽培重点研究室主任、浙江省铁皮石斛产业技术创新战略联盟副理事长、浙江省中药材产业协会铁皮石斛分会副会长、乐清市铁皮石斛产业协会执行会长。出生于石斛世家，于1990年开始传承"铁枫堂"铁皮石斛中医药文化，从事铁皮石斛的采集、生产、收购、加工销售工作。2013年企业铁皮石斛种苗与铁皮枫斗产值超过2亿元。

朱玉球

1963年10月生，浙江永康人。现任浙江农林大学高级实验师，浙江省级铁皮石斛产业科技特派员团队首席专家。长期从事药用植物遗传育种和植物组织培养研究与应用，尤其在铁皮石斛品种选育、种苗生产、种植技术等方面积淀了丰富的经验，为全国10省（自治区、直辖市）70家企业提供了种苗生产、种植管理等技术服务。主持或参与国家级、省部级科研项目10余项，先后获浙江科技进步一等奖1项，二等奖3项，发明国家专利2项，制订国家行业标准一部。

叶智根

1966年3月生，浙江金华人，高级经济师，浙江工商大学MBA学院企业导师。现任森宇控股集团总裁、香梅中药文化研究会秘书长、浙江省保健行业协会副会长、浙江省中药材产业协会副会长。先后获得"关爱共和国百名将军健康特别贡献奖"、"时代功勋——第六届感动中国十大杰出青年卓越贡献奖"、"中国食品安全管理先进个人"等荣誉。自2001年以来先后承担了"铁皮石斛试管苗人工栽培技术中试" 等国家星火计划、国家火炬计划项目4项。专注铁皮石斛产业，编写出版了《仙草之首——铁皮石斛养生治病》、《名贵中药——铁皮石斛》等著作。

前 言

QIANYAN

铁皮石斛（*Dendrobium officinale* Kimura et Migo）是我国传统名贵中药材，具有益胃生津、滋阴清热等独特的功效。20世纪90年代以前，铁皮石斛主要依靠野生资源。由于毁灭性采挖、生存环境的破坏以及自身繁殖能力低下，野生资源基本枯竭，1987年国务院将其列为国家二级保护植物。90年代中期，人工栽培取得了成功，但产业飞速发展却是近10年来的事。2005年人工栽培面积不足2 000亩*，产值不足4亿元，发展到2013年，人工栽培面积达4万亩，以铁皮石斛为原料的药品与保健品有70多个，形成了从铁皮石斛种植、加工到销售完整的产业链，年产值超过50亿元，一举成为产销量最大的保健产品之一。

编者自20世纪90年代开始从事铁皮石斛研究与开发，1999年主持国家农业综合开发项目“铁皮石斛组织培养高产栽培技术研究与综合开发”，2001年承担了国家“十五”科技攻关项目“天然药用植物铁皮石斛品种组培工厂化”，随后承担了“铁皮石斛人工栽培中试”、“铁皮石斛种质资源评价与利用研究”、“铁皮石斛新品种选育与有机栽培”、“铁皮石斛真伪优劣鉴别及质量控制关键技

* 亩为非法定计量单位，1公顷=15亩。

术研究”、“铁皮石斛活树附生原生态栽培示范推广”等系列国家、省部级重大科技计划项目，突破了品种选育、低碳繁育、设施栽培、活树附生、精准采收、控花提质、真伪鉴别、产品开发、品牌建设等产业化关键技术，引领铁皮石斛产业跨跃式发展。2012年8月出版了首部关于铁皮石斛的科普著作《仙草之首——铁皮石斛养生治病》，首印1.5万册年内销售一空，在业界引起强烈反响。

为进一步推动铁皮石斛产业的发展，我们根据国家林业局与铁皮石斛生产者的要求，以研究与开发铁皮石斛的成果为重点，并汇集古今中外铁皮石斛研究成果，特编著了《铁皮石斛优质高效栽培技术》一书。

在铁皮石斛研究与本书编著过程中，得到了国家科技部、国家林业局，浙江省科技厅、林业厅、农业厅、财政厅的大力支持；路甬祥、肖培根、张伯礼、陈子元、沈允纲、孙汉董等院士曾先后给予多方指导与帮助，刘京晶、何伯伟、张爱莲、高燕会、张新凤、汪玲娟、吴呈勇、王林华、郭宝林、潘心禾、史小娟、王景花、诸燕及历届研究生等先后参与课题研究，做了大量工作。在此，我们深深地感谢相关的部门、专家、领导和朋友。

编　者

2014年元月

目 录

M U L U

第一章

铁皮石斛产业的发展历程与展望

TIEPISHIHU CHANYE DE
FAZHAN LICHENG YU ZHANWANG

铁皮石斛为附生兰科植物。茎直立，圆柱形，长9～35厘米，粗2～4毫米，不分枝，具多节，节间长1.3～1.7厘米，叶互生于节上，一年生茎每节均有叶片，二年生开始落叶，三年生以上茎上无叶片；叶二列，纸质，长圆状披针形，长3～4（～7）厘米，宽9～11（～15）毫米，先端钝，基部下延为抱茎的鞘，边缘和中肋常带淡紫色；叶鞘常具紫斑，老时其上缘与茎松离而张开，并且与节留下1个环状铁青的间隙。总状花序常从落了叶的老茎上部发出，具2～3朵花；花序柄长5～10毫米，基部具2～3枚短鞘；花序轴回折状弯曲，长2～4厘米；花苞片干膜质，浅白色，卵形，长5～7毫米，先端稍钝；花梗和子房长2～2.5厘米；萼片和花瓣黄绿色，近相似，长圆状披针形，长约1.8厘米，宽4～5毫米，先端锐尖，具5条脉；侧萼片基部较宽阔，宽约1厘米；萼囊圆锥形，长约5毫米，末端圆形；唇瓣白色，基部具1个绿色或黄色的胼胝体，卵状披针形，比萼片稍短，中部反折，先端急尖，不裂或不明显3裂，中部以下两侧具紫红色条纹，边缘多少波状；唇盘密布细乳突状的毛，并且在中部以上具1个紫红色斑块；蕊柱黄绿色，长约3毫米，先端两侧各具1个紫点；蕊柱足黄绿色带紫红色条纹，疏生毛；药帽白色，长卵状三角形，长约2.3毫米，顶端近锐尖并且2裂。花期5～7月份。铁皮石斛的形态特征如图1–1所示。浙江省神仙居野生铁皮石斛如图1–2所示。

图1–1 铁皮石斛的形态特征

图1-2　浙江省神仙居野生铁皮石斛
（浙江农林大学李根有教授摄影）

铁皮石斛（铁皮枫斗）首载于《神农本草经》，其后历代本草著作均有记载。1 000多年前的《道藏》将铁皮石斛、天山雪莲、三两重人参、百二十年首乌、花甲之茯苓、肉苁蓉、深山灵芝、海底珍珠、冬虫夏草列为“中华九大仙草”。现代药理研究证明，铁皮石斛具有增强免疫力、消除肿瘤、抑制癌症等作用，对咽喉疾病、肠胃疾病、白内障、心血管疾病、糖尿病、肿瘤均具有显著疗效，2010年版《中国药典》将其单独收载。

一、历代本草记载

石斛始载于秦汉时期我国第一部药学专著《神农本草经》：“味甘，平。主伤中，除痹，下气，补五脏虚劳、羸弱，强阴。久服，厚肠胃、轻身、延年。”列为上品。其后的本草著作大多沿用该书记载。

魏晋时期《名医别录》记载：“无毒。主益精，补内绝不足，平胃气，长肌肉，逐皮肤邪热痱气，脚膝疼冷痹弱。久服定志，除惊。”

南北朝时期陶弘景《本草经集注》记载：“味甘，平。……生石上，细实，桑灰汤沃之，色如金，形似蚱蜢者为佳。”“生栎树上者，名木斛，……至虚长，不入丸散，惟可为酒渍煮汤用尔。”

唐代孙思邈《千金翼方》记载："味甘，平，无毒。 主伤中，除痹下气，补五脏虚劳，羸弱，强阴，益精，补内绝不足，平胃气，长肌肉，逐皮肤邪热，痱气，脚膝疼冷痹弱。久服厚肠胃，轻身延年，定志除惊。"

宋代掌禹锡《嘉祐本草辑复本》记载："石斛，君，益气，除热，主治男子腰脚软弱，健阳，逐皮肌风痹，骨中久冷虚损，补肾积精，治腰痛，养肾气，益力。日华子云：治虚损劳弱，壮筋骨，暖水脏，轻身益智，平胃气，逐虚邪。"

宋代唐慎微《证类本草》记载："石斛，味甘，平，无毒。……今人多以木斛浑行，医工亦不能明辨。木斛折之，中虚如禾草，长尺余，但色深黄光泽而已。真石斛，治胃中虚热有功。"苏颂《本草图经》、寇宗爽《本草衍义》均有类似记载，真石斛功效确切，但木斛浑行，医工亦不能明辨。

明代李时珍《本草纲目》系统总结了石斛功效："味甘，平，无毒。主伤中，除痹下气，补五脏虚劳羸弱，强阴益精。补内绝不足，平胃气，长肌肉，逐皮肤邪热痱气，脚膝疼冷痹弱，定志除惊。轻身延年。益气除热，治男子腰脚软弱，健阳，逐皮肤风痹，骨中久冷，补肾益力。壮筋骨， 暖水脏，益智清气。治发热自汗，痈疽排脓内塞。"并记载："石斛镇涎，涩丈夫元气。酒浸酥蒸，服满一镒，永不骨痛也。治胃中虚热有功。……阴中之阳，降也。乃足太阴脾，足少阴右肾。深师云：囊湿精少，小便余沥者，宜加之。一法：每以二钱入生姜一片，水煎代茶，甚清肺补脾也。"

明代兰茂《滇南本草》记载："味甘、淡，性平。升也，阴中之阳也。平胃气，能壮元阳，升托，发散伤寒。退虚劳发热；截寒热往来，形如疟症；治湿气伤经，故筋骨疼痛；升托，散湿气把住腰膝疼痛，不得屈伸，祛湿散寒，止疼痛。"

明代陈嘉谟《本草蒙筌》记载："石斛，味甘，气平。无毒。其种有二，细认略殊。生溪石上者名石斛，折之似有肉中实；生栎木上者木斛，折之如麦秆中虚。石斛有效难寻，木斛无功易得。卖家多采易者代充，不可不预防尔。恶凝水石巴豆，畏白僵蚕雷丸。以酒浸蒸，方宜入剂，却惊定志，益精强阴。壮筋骨，补虚羸，健脚膝，驱冷痹。皮外邪热堪逐，胃中虚火能除。厚肠胃轻身，长肌肉下气。"

明代李中梓《本草征要》记载："石斛，味甘，性平，无毒。入胃、肾二经。恶巴豆，畏僵蚕。酒浸，酥拌，蒸。清胃生肌，逐皮肤虚热。强肾益精，疗脚膝痹弱。厚肠止泻，安神定惊。益阴也，而愈伤中；清肺也，则能下气。入胃清湿热，故理痹证泄泻；入肾强阴，故理精衰骨痛；其安神定惊，兼入心也。石斛，宜于汤液，不宜入丸，形长而细且坚，味甘不苦为真。误用木斛，味大苦，饵之损人。”

明代张志聪《本草崇原》记载：“味甘平，无毒。主伤中，除痹，下气，补五脏虚劳羸弱，强阴益精。久服，厚肠胃。生于石上，得水长生，是禀水石之专精而补肾。”

清代赵学敏《本草纲目拾遗》记载：“清胃，除虚热，生津。已劳损，以之代茶，开胃健脾，功同参芪。定惊疗风，能镇涎痰，解暑，甘芳降气。”

清代黄宫绣《本草求真》记载：“入脾肾，甘淡微苦、咸平，故能入脾除虚热；入肾强元气及能坚筋骨，强腰膝。凡骨痿痺弱，囊湿精少，小便余沥者最宜。”

清代吴仪洛《本草从新》记载：“甘淡微咸微寒。平胃气，除虚热，安神定惊。疗风痹脚弱，自汗发热，囊湿余沥。长于清胃除热，惟胃肾有虚热者宜之。股短、中实，味甘者良，温州最上、广西略次、广东最下。长虚、味苦者，名木斛，服之损人。去头根，酒浸。恶巴豆，畏僵蚕。熬膏更良。”

清代严洁《得配本草》记载：“陆英为之使，畏僵蚕、雷丸，恶凝水石、巴豆。味甘淡，微寒，入足太阴、少阴兼，入足阳明经。清肾中浮火，而慑元气。除胃中虚热，而止烦渴。清中有补，补中有清。但力薄，必须合生地奏功。配菟丝，除冷痹。股短中实，味甘者佳。盐水拌炒，补肾，兼清肾火。清胃火，酒浸亦可，熬膏更好。长而中虚、味苦者，名木斛，用之损人。”

清代汪昂《本草备要》记载：“甘淡入脾，而除虚热；咸平入肾，而涩元气。益精，强阴，暖水脏，平胃气，补虚劳，壮筋骨。疗风痹脚弱，发热自汗，梦遗滑精，囊涩余沥。长而虚者名木斛，不堪用。去头根，浸酒用。恶巴豆，畏僵蚕。细锉水浸，熬膏更良。”凌奂《本草害利》、邹澍《本经续疏》、周岩《本草思辨录》等清代本草均有类似记载。

《中药大辞典》记载：“性味甘淡，微咸、寒。入胃、肺、肾经。生津益胃，清热养阴。用于病伤津，口干烦渴，病后虚热，阴伤目暗。”

2010年版《中国药典》记载：“味甘，微寒。归胃、肾经。益胃生津，滋阴清热。用于热病津伤，口干烦渴，胃阴不足，食少干呕，病后虚热不退，阴虚火旺，骨蒸劳热，目暗不明，筋骨痿软。”

二、相关历史故事

石斛之“斛”，为古代最大容积单位，其容量为10斗，后改为5斗，1斛可装10（5）斗米，铁皮石斛的身价由此可见一斑。铁皮石斛的神奇功效在皇室、在民间都留下了许多动人的传说。

我国古代著名的医学家、药学家孙思邈，一生著作颇丰，研究的中草药无数，尤其喜爱铁皮石斛，并以此作为自己的养生之本。他的一生历经了西魏、北周、隋、唐四个朝代，并以141岁的高龄辞世，在他的人生历程中，救治贵族和平民无数，并讲究“有医无类”，无论贫富都给与关心和救治。铁皮石斛像强心剂一样宝贵，他经常用于挽救那些在生死边缘徘徊的生命，屡屡见效（相关方剂可见《仙草之首——铁皮石斛养生治病》）。作为一代药王，孙思邈宽广豁达的胸怀、精湛高超的医术，为中医药的传承与发展做出了不可磨灭的贡献。铁皮石斛作为延年益寿的仙草既延长了药王孙思邈的寿命，又使千万人的生命得以挽救，堪称“植物药王”。

唐朝贞观十五年，文成公主远嫁吐蕃松赞干布时，唐太宗为其备下丰厚嫁妆，塞外苦寒，肌肤易老，故赐铁皮枫斗5升，以滋养玉体。文成公主虽经隆冬一个多月顶风冒雪，艰苦跋涉，到达目的地时仍如金枝玉叶，吐蕃王一见便为她而倾倒。吐蕃气候恶劣，瓜果蔬菜极少，人的皮肤容易干燥生皱，而铁皮石斛可滋阴润燥、养血生津，正好弥补了恶劣气候带来的身体不适。文成公主在吐蕃度过的40多个春秋一直有铁皮石斛服用，使其容颜不老，受到千万人的敬仰与爱戴。

我国历史上唯一的女皇武则天，享年81岁，长寿且美丽。在她花甲之年，依旧精力充沛、勤于政务，头发黑亮润滑、富于光泽，皮肤白皙红润、富有弹性，在她的身上演绎了女人“不老”的神话。武则天的养颜秘方重在滋阴，该方由唐代著名养生大师、六朝御医叶法善进献，配伍有铁皮石斛、藏红花、深山灵芝、肉苁蓉等，具有养血滋阴、益气活血、清补五脏、平衡阴阳、气血舒畅、提高机体生理功能等作用；武则天服用该方达50年之久，在此方的滋润下她每天都容光焕发、神采奕奕；即使到了晚年依然美丽，使其保持容颜、延缓衰老、延年益寿，故专家称该方为古代养颜第一方。

清朝乾隆帝25岁登基，在位60年，实际掌握中国最高权力长达64年，是中国历史上执政时间最长、年寿最高的皇帝。宫廷御医养生方案很多，养生品也很多，而乾隆帝独爱用铁皮石斛滋阴养生，炖汤、喝酒、喝茶，大宴群臣，他都必用铁皮石斛。他文武双全，精力充沛、博览群书，对养生也有自己独到见解，朱丹溪的“人，阴常不足，阳常有余；阴虚难治，阳虚易补”理论对乾隆帝影响很大，而最终也受益匪浅。乾隆帝在80岁寿宴上，用石斛炖汤宴请2 000多名百岁以上老人，希望他们更加长寿。乾隆帝89岁高龄与世长辞，在去世前还处理朝政，留下了一个“乾隆盛世”的大好局面。

在民间，人们将新鲜的铁皮石斛原汁喂入身体极虚的人的口中，可使其起死回生，一般在婴儿出生或者生命垂危的病患才能够用铁皮石斛去保命。天台山上有个叫道源的自然村，药农上山采集铁皮石斛之前，都会到县城的城门口、药店前贴一张告示，上面写着什么人将在什么时候去采铁皮石斛，估计什么时候回来等等，为的是让病人心里有个盼头。不过这种告示常常让人失望，因为每次采集的铁皮石斛，从来没有超过500克，多数病人得不到。

《雁山志》记载了乐清采集加工铁皮石斛的传统。铁皮石斛都是长在很高很陡峭的悬崖背阴面，为了容易找到铁皮石斛，药农通常在7月开花时采集。而7月的天气，奇花异草生长的地方，往往有毒蛇出没。为防御遭到毒蛇攻击时误将系在身上的绳索砍断，药农采集铁皮石斛时不带刀，而带短棍。采集时3个人一组，一个人在上面望风，两个人同时慢慢地滑下悬崖。采集人每人用3根绳子，一根用作安全带，一根用来攀爬，一根用来固定。采集人身系绳索在峭壁间攀爬，练就了一身飞崖走壁的绝技，代代相传。如今，雁荡山为世界地质公园，雁荡飞渡已经成为景区的表演节目。雁荡铁皮石斛惊险采集，雁荡石斛的优良品质，使雁荡石斛享誉海内外。2010年我国第一个“铁皮石斛之乡”、“中国铁皮枫斗加工之乡”就诞生在雁荡山。

首届中国·浙江铁皮石斛（乐清）文化节开幕式现场如图1-3所示。

图1-3　首届中国·浙江铁皮石斛（乐清）文化节开幕式现场

三、铁皮石斛产业的发展现状与展望

1. 铁皮石斛产业的发展现状　铁皮石斛自然分布于浙江、安徽、江西、湖南、广东、广西、云南、贵州、四川、湖北、河南等省（自治区），20世纪90年代以前主要依靠野生资源。由于毁灭性采挖、生存环境的破坏以及自身繁殖能力低下，野生资源基本枯竭，1987年国务院将其列为国家二级保护植物。90年代中期人工栽培取得成功，进入21世纪以来，品种选育、良种生产、组织培养、设施栽培、精准采收、控花提质、真伪鉴别、产品开发、品牌建设等产业化关键技术取得了突破性进展。目前所有自然分布区均有人工栽培，江苏、山东、台湾等省也有人工栽培，但栽培主要集中在浙江、云南两省。2005年实现产值4亿元，近10年来产业快速发展，2013年突破了50亿元。

森山铁皮石斛栽培基地如图1–4所示。

图1–4　森山铁皮石斛栽培基地

铁皮石斛产品销售市场主要集中在浙江、上海、广东等沿海发达城市及中国香港、新加坡、马来西亚等东南亚地区和国家，包括主产区在内的云南还未形成规模化消费市场。目前市场销售的一是将铁皮石斛茎制成干品，即铁皮枫斗，系将铁皮石斛烘扭而成的螺旋形或弹簧状干品；二是精深加工产品，截止2013年12月有保健食品批文73个，包括颗粒、胶囊、片剂、浸膏、丸剂、口服液、饮料、袋泡茶等，其主要功能为增强免疫力与缓解体力疲劳，两者占90%以上；三是鲜品直接销售，包括茎、花和叶，其中茎为最重要的销售品。各类产品的销售渠道有很大的差别，铁皮枫斗主要集中于集散市场、医药名店；精深加工产品以超市、药店、专卖店为主，因精加工的原材料多数为生产企业自行人工栽培或定点生产基地生产，质量信誉较高；鲜品的销售，主要产品有鲜茎、茎叶原株，存在于各类市场，因其外观区分容易，现已成为铁皮石斛产品销售的一个重要方式，越来越受消费者青睐。产品售价因不同产地、不同企业、不同店铺相差较大，甚至达到数倍。

药材的人工栽培、药品或保健品的成品加工以及产品市场营销是铁皮石斛产业链的三个基本组成部分。影响其产品质量的关键因素主要有栽培品种、栽培模式、采收年龄与季节、加工工艺与添加成分以及保鲜、贮运技术环节等。浙江省农业厅在国内率先制订了无公害铁皮石斛地方标准《无公害铁皮石斛》（DB33/T 635.3—2007），2007年5月30日由浙江省质量技术监督局发布，2007年6月30日开始实施；国家林业局委托浙江农林大学、浙江森宇实业有限公司、浙江铁枫堂科技股份有限公司等单位制订的国家行业标准《铁皮石斛栽培技术规程》已经起草完成。2010年版《中国药典》单独收载了铁皮石斛。

2. 铁皮石斛产业发展的优势

（1）大健康产业迎来战略性政策支持 2010 年，中国保健食品的产业规模超过了2 600 亿元，营养食品年产值已达3 000 多亿元，营养与保健食品产业呈现出稳步增长和良好发展的态势，但仅占整个食品产业7 万多亿元产值的8%，与其他发达国家相比还存在相当大的差距。国家发展和改革委员会、工业和信息化部共同发布的《食品工业“十二五”发展规划》，首次将“营养与保健食品制造业”列入国家发展规划，提出到2015 年营养与保健食品产值达到1 万亿元，年均增长20%，形成10 家以上产品销售收入在100 亿元以上的企业，百强企业的生产集中度超过50%；把被动的“已病才就医”模式，转变为“未病先预防”和“治未病”的模式。

（2）现代社会给铁皮石斛产业带来前所未有的开发空间 现代社会环境污染严重、充满竞争、生活富有、老龄化严重。环境污染严重——铁皮石斛是清咽洗肺、雾霾防治良药。充满竞争——铁皮石斛可壮元气、提精神。生活富有——铁皮石斛可醒酒养胃；唱歌、娱乐、上网——铁皮石斛清咽润喉、补充体力。老龄化社会——铁皮石斛可轻身延年。对数以10亿计的雾霾受害者，数以亿计的咽喉炎、气管炎、肺癌患者，1.3亿糖尿病患者，1 600多万教师，3亿多烟民，铁皮石斛是极好的养生、治病保健良药。

（3）高科技支撑了铁皮石斛产业的发展 铁皮石斛从上游种苗繁育，到中游的人工种植，再到下游产品深加工，无不体现出“高科技、高投入、高风险、高回报”的特点。

①高科技。铁皮石斛种苗低碳生产、人工种植、精深加工均需要高新技术支撑。组织培养工厂化生产技术研发与推广应用，解决了种苗大量繁育难题，确保了生产栽培每年数亿株种苗的需求问题；栽培基质的研发与集成栽培技术的应用，解决了从野生到人工栽培的技术瓶颈；依据中医原理，

多种名贵药材的协同配伍，功效成分提取工艺研发，为系列产品开发提供了支撑。

②高投入。研发高新生物技术需要较大的资金投入，同时生产种苗的组培工厂和种植设施的建设也需要大量资金投入。规范化选育一个优良品种至少需要8年时间，投入100万元以上；建设一个年产 2 500 万株的标准种苗组培厂需要至少 600 万元；建 1 亩标准化种植大棚也需投入10 万元以上。

③高风险。铁皮石斛的人工种植是一个世界性难题，不但种植大棚、苗床、种苗投入巨大，而且石斛生长周期长(第 1 次采收需 20 ~ 24 个月) ，水、肥、气管理难度大。如果没有系统化的良好管养体系和经验，投入几百万元经过二三年很可能是一场空。曾经有农户眼看着就可采收了，却发生了大面积的病害，石斛发黄死去，不仅没有收益，本钱也血本无归。

④高回报。种植后第3年亩产200千克以上，按500元/千克计，亩产值10万元以上，精准采收可连续收获5年，投入产出比为1/5左右。

铁皮石斛与冬虫夏草产业基础区别：目前铁皮石斛药材全部源自人工培育，冬虫夏草至今人工培育没有成功；铁皮石斛靠数量扩张发展产业，冬虫夏草靠价格提升发展产业；铁皮石斛消费群体由贵族与病人向平民百姓转变、由治病向养生转变，冬虫夏草消费群体由平民向贵族转变。

3. 铁皮石斛产业发展面临的主要问题

（1）伪品冲击是产业发展面临的首要问题　铁皮石斛是石斛中的极品，是目前人工栽培最主要的石斛属物种，可采集的天然石斛属物种有20余种（石斛属植物中国共有74种2变种），包括齿瓣石斛（*D.devonianum*）、梳唇石斛（*D. strongylanthum*）、细茎石斛（*D. moniliforme*）、广东石斛（*D. wilsonii*）、美花石斛（*D. loddigesii*）、重唇石斛（*D. hercoglossum*）、细叶石斛（*D. hancockii*）等，绝大多数做成干品在市场上销售，其药用价值、药用成分、保健功能均无标注。《中国药典》（2005版）将铁皮石斛及其同属植物近似种统称石斛，一定程度上误导了消费者，以至于霍山等产地至今仍将所有石斛属植物近似种都当霍山石斛（*D. huoshanense*）销售。《中国药典》(2010版)单独收载了铁皮石斛，但目前市场尚未规范，甚至有石仙桃属（*Pholidota.spp.*）植物混杂其中。因此，栽培品种的混杂，特别是伪品的冲击是影响产业健康、有序发展的首要因素。

（2）品种选育与质量控制等产业发展共性关键技术滞后　铁皮石斛种内存在明显的变异。研究发现，来自不同产地的铁皮石斛，其总多糖、生物碱、纤维素含量等均存在显著差异，同一产地的铁皮石斛也存在株间的变异。这种原植物品种上的药用成分差异，导致了药材的药效差异，因此急需良种化。云南、广西等省（自治区）铁皮石斛栽培地区雨季长，栽培基质很薄，施肥用药不可避免；在公司+农户的经营模式下，没有统一的技术标准，质量控制的关键技术未能规范实施都可能影响其产品的质量。全国主产区除了浙江森宇药业有限公司、浙江铁枫堂科技股份有限公司等少数企业已经重视采收年龄与采收季节外，多数企业并未重视采收年龄与采收季节，有些企业加工时甚至全草整株投料，直接影响了产品质量与药效。铁皮石斛质量评价多停留在总多糖指标上，而许多非铁皮石斛药材多糖含量比铁皮石斛要高得多，用总多糖来衡量铁皮石斛真伪与优劣不够全面。

（3）保健品的品质鉴别与药效成分难以量化 《中国药典》(2010版)已经将铁皮石斛作为单列药材品种，表明了其重要性和特殊性，但加工成干品（枫斗）后普通消费者几乎无法从外观上辨别真伪。另外就正品铁皮枫斗，因采收年龄与季节、制作工艺等不同，药效品质也相差悬殊，优劣评价相当困难。以铁皮石斛为原料开发的保健品种类繁多，绝大多数添加西洋参(或人参)、糖、山梨酸等物质，也有添加冬虫夏草、灵芝的，以致产品所标注的多糖、皂甙含量难以区分来自何处，而且，多数不标注单位产品铁皮石斛加量，这种成分的不稳定与不确定必将严重影响产品的销售拓展。

（4）产品销售市场狭窄 在产业发展中，产品的销售是产业可持续发展的重要保证。据市场调查发现，铁皮石斛目前的销售市场主要在浙江、上海等少数几个地区，云南作为主要产地，虽然各类医药名店、集散市场均有售，但购买者仍然以浙江、上海等地的顾客为主，而并非当地人。因此，从产业持续发展考虑，应加强销售网络建设。从铁皮石斛产品的药用功效，铁皮石斛产品有别于人参等，兼具功效性与平和性，适用于不同区域与不同健康状况的人群等方面来考虑，应具有极大的市场潜力。

4. 产业可持续发展亟须考虑的几个问题

（1）发挥产业联盟、产业协会的作用，协调产业健康持续发展 铁皮石斛产业涉及种质资源保护、优良新品种选育、高效栽培、保鲜贮运、精深加工以及营销等环节，产业链上任何环节出现问题都会影响产业的健康、有序发展。在市场环境下，各企业都有自身利益，仅依赖企业自律难以协调品种、栽培与加工技术、产量以及销售市场的规范运行。因此，建立行业协会或产、学、研、流通紧密结合的铁皮石斛产业战略联盟，是推进产业可持续发展的重要措施，由联盟或协会来协调生产与技术、规范销售市场以及产业链各生产环节的布局。

2007年浙江省中药材产业协会铁皮石斛产业发展研讨会会场如图1-5所示。2012年浙江省铁皮石斛产业技术创新战略联盟成立大会会场如图1-6所示。

图1-5　2007年浙江省中药材产业协会铁皮石斛产业发展研讨会会场

图1-6　2012年浙江省铁皮石斛产业技术创新战略联盟成立大会会场

（2）加强品种选育与质量控制技术研发，构建质量保证技术体系　首先亟须开展品种选育及其真伪优劣鉴别技术研发。中国石斛属植物多达76种（变种），种间、品种类型间外观性状十分相似，一般难以区分，导致栽培品种杂、质量不明确。因此，要大力加强高品质品种选育及其品种指纹图谱研发，再借助产业联盟、行业协会，建立种苗组培的专业工厂，实行品种登记制度以明确栽培品种及其来源。其次要加强规范化栽培技术集成创新与应用，包括栽培基质、肥水控制、病虫害控制以及采收等规范化绿色生产技术等，确保药材原料的安全。第三是加强原材料及其产品的保鲜、包装与贮运技术研发，确保各环节的生产安全。

（3）强化产品生产经营自律与行业主管部门监管，建立产品质量的监控体系 首先是药材生产环节的监管。利用产业联盟、行业协会，制定国家行业标准，确保原药材生产领域的安全监控，落实《中国药典》（2010版）有关铁皮石斛及其产品的质量要求，提倡绿色或有机栽培。其次是加强生产企业的质量监控，严格企业生产过程的质量管理。第三要建立加工环节的安全监控体系。包括加工过程和添加物的安全监控，达到GMP要求。最后要建立保鲜与贮运以及流通中的安全监控体系。协调农业、经贸、工商、质检、食品药监等部门，根据保健品、药品的相关规定对生产、流通领域进行有效监管。

（4）进一步加大铁皮石斛功能与药效的研究 通过铁皮石斛功能与药效的研究，用现代的科技明确铁皮石斛成分和药效，并通过学术途径进行宣传，给消费者以有力的说服依据，增加消费群体，促进铁皮石斛产业的发展。

（5）大力拓展铁皮石斛销售市场，培育千亿级产业 大力培植一批铁皮石斛生产与销售龙头企业，尤其要扶持现有浙江、云南、广东等一批知名生产与销售企业，创建名牌产品，以现有浙江、北京、上海等区域为基础，拓展产品销售区域。同时，借助产业联盟、传统医药名店以及现代物流，构建具有栽培品种标识、栽培产地标识、加工厂家标识以及明确的效用标识，可查可验可追溯，产销一体的营销网络。同时，充分利用现代信息技术，有机结合铁皮石斛的文化传播，努力拓展国内外市场，才能将铁皮石斛培育成千亿级产业。

第二章

铁皮石斛的优良品种与低碳繁育

TIEPISHIHU DE
YOULIANG PINZHONG YU DITAN FANYU

我国主要农作物矮化、杂交、株型塑造等重大育种理论和技术的突破，推动农产品供给由温饱不足到供求平衡的历史性转变，实现了农业生产的历史性跨越，良种对粮食增产的贡献率已达到40%。2012年中央一号文件明确“科技兴农良种先行”。

但是，长期以来药用植物主要利用野生资源，历代本草都强调产地的作用，《神农本草经》记载“药有……土地所出，真伪陈新，……”，孙思邈《千金翼方》中强调：“药出州土、……”，直至20世纪80年代，我国几乎没有科技人员从事药用植物育种。国际上，药用植物育种起步也很晚，1996年在德国召开了第一次药用和芳香植物育种研究国际会议。90年代，作者良种选育研究结果揭示了历代本草著作强调的“药出州土”，既包含了野生药材的产地，更重要的是其优良种质（品种）。进入21世纪以来，占产量70%以上的药材源自人工栽培，中药材优良品种在提高药材质量、产量、抗逆能力等方面中的地位得以凸现；铁皮石斛种内变异（图2-1）得到证实，抓好良种生产就抓住了药材生产的根本已经逐渐成为共识。当然，农作物品种是一种生产资料，具有特异性、一致性、稳定性、区域性、时效性，与药材商品学上的“品种”（指同一种类的药材产品）概念完全不同，应加以区别。

图2-1 铁皮石斛种内变异

一、铁皮石斛品种选育存在的问题与对策

1. 铁皮石斛品种选育存在的问题

（1）选育方法传统、程序有待完善 现有铁皮石斛品种均为野生种质人工驯化而成，选育方法相对传统，选育程序有待完善。如安徽××铁皮石斛开发有限公司成立于2010年4月，2011年11月就选育出‘皖斛1号’、‘皖斛2号’两个铁皮石斛新品种，显然没有进行规范性品种试验；“神九”刚刚回来，有些企业就说铁皮石斛航天育种获得成功。杂交育种、辐射育种、生物技术辅助育种刚刚起步，大量优质铁皮石斛种质资源尚未在育种中得到充分应用。

（2）质量评价技术滞后、育种目标不明确 良种选育主要以多糖含量、单位面积的产量为主要依据，把优质不优质的含义绝对化、概念化、极端化和片面化。事实上，中药材的优质是建立在专用基础上和最终商品质量前提下的质量概念，中药材的最终用途，决定了加工专用化的需求，必然要用多样化适应专用化，专用化中体现优质化。具备最佳商品要求的品种，才是优质品种。

（3）良种退化、盲目引种现象严重 部分通过审定的良种，无性系多次继代繁殖，退化严重（图2–2）。种子生产技术不规范，混杂地方品种现象普遍，存在遗传稳定性、一致性较差等问题（图2–3）。由于产业快速发展，盲目引种现象普遍，严重影响药材质量、产量，甚至不适应引入地的生态和栽培条件，冬季不能正常越冬而死亡（图2–4）。

图2–2 **多代繁殖退化严重**

图2-3　自由授粉子代一致性差

图2-4　盲目引种适应性差甚至冻死

（4）种苗培育能耗较高　现有铁皮石斛种苗主要依靠以日光灯为光源的组织培养工厂生产，日光灯发射的光谱不能很好地满足植物生长对光的选择性需求，补光效率低，灯管的使用寿命与发光效率均不够理想，灯管发热量大需耗电来移除，以致整体耗电成本颇高。研究自然光及可调整光强、光谱、冷却负荷低、电光转换效率高、体积小、使用寿命长等较低散热与较高效率的人工光源对铁皮石斛种苗低碳高效生产具有重要价值。

2. 铁皮石斛品种选育的对策

（1）重视育种亲本的收集、差异检测与筛选　建立国家级科研院所，浙江、云南铁皮石斛科研与生产单位为主的铁皮石斛研究协作联盟，清查与整理有关单位收集的铁皮石斛现有资源，包括铁皮石斛野生种质、品种、地方品种、农家种等，实现资源高效利用，推进与国内、国际资源互补、共享。在此基础上，组建铁皮石斛资源专业调查组，继续在铁皮石斛主要分布区开展种质资源补充调查与收集工作。杭州震亨生物科技有限公司建立的铁皮石斛种质资源圃如图2-5所示。

图2-5　杭州震亨生物科技有限公司建立的铁皮石斛种质资源圃

对收集的种质资源开展多糖、甘露糖、生物碱、氨基酸等主要活性成分含量测定，植株高度、粗度、萌蘖能力、抗寒性、抗病虫害能力、外观等农艺性状的观察，在此基础上筛选出具有显著差异的单株作为项目的研究材料。作者收集的部分种质资源主要性状的变异见表2-1。

表2-1　不同亲本主要性状的变异

种源	亲本号	主要形态特征	生长特性	株高（厘米）	茎粗（毫米）	节间距（厘米）	叶形指数
云南广南	2B、30、31	茎紫色，茎秆中部粗壮，基部细小	易倒伏，第1年冬天叶片落光，耐0 ℃低温	34.2	5.80	1.4	≥3.0
浙江武义	6A、65、66、69、71、72、75、77	茎紫色，茎秆上下粗细相近	不易倒伏，第2年落叶，耐-6℃低温	24.9	3.74	1.5	≥3.0
浙江雁荡山	9、17	茎紫色，节间黑色，茎秆上下粗细相近	不易倒伏，第2年落叶，耐-4℃低温	29.5	4.27	1.6	≥3.0
广西桂林	56	茎紫色，茎秆上下粗细相近	不易倒伏，第2年落叶，耐-2℃低温	31.3	4.28	2.0	<3.0
浙江四明山	78、83	茎紫色，茎秆上下粗细相近	不易倒伏，第2年落叶，耐-8℃低温	30.0	4.46	1.6	≥3.0
浙江庆元	86	茎紫色，茎秆上下粗细相近	不易倒伏，第2年落叶，耐-6℃低温	10.6	3.91	1.1	≥3.0
云南麻栗坡	91	茎紫色，茎秆上下粗细相近	不易倒伏，第2年落叶，耐-2℃低温	12.7	6.23	1.3	≥3.0
浙江金华	99	茎紫色，茎秆上下粗细相近	不易倒伏，第2年落叶，耐-6℃低温	–	–	–	–
云南英茂	124、140	茎紫色，茎秆上下粗细相近	不易倒伏，第2年落叶，耐-2℃低温	32.3	4.66	1.3	<3.0
‘森山1号’	CK	茎紫色，茎秆上下粗细相近	不易倒伏，第2年落叶，耐-8℃低温	21.8	2.80	1.6	≥3.0

注：表中数据为种源二年生茎平均值。

（2）规范育种程序、做好田间试验

①规范试验点次和年限，必须在适宜种植区域的3个试点以上开展两个以上生产周期的品比试验，试验前将试验方案报省级种子种苗管理机构备案。铁皮石斛新品种试验田如图2-6所示。

图2-6　铁皮石斛新品种试验田（右侧为‘966’品种）

②规范对照品种。原则上应选择已有的新品种或者公用品种为对照。

③规范记载内容。对主要特征特性要进行详细地记录。

④重视配套栽培措施和注意事项的研究。克服品种缺陷和品种在今后推广过程中出现减产，特别要注意品种的区域性，避免盲目引种。

（3）以种内杂交与分子标记辅助育种为重点开展目标育种　根据铁皮石斛种质资源丰富与药材高安全性的要求，重点开展种内杂交。在育种亲本差异性检测与筛选的基础上，选配亲本进行单交（正交和反交）、回交、复交，创制出优质杂交种子。对创制的优良品种进行农艺性状与主要活性成分的田间试验与含量测定，比较各种杂交组合间的差异，通过测定和选择，选出适合加工（冲剂、浸膏、枫斗）、鲜食、原生态栽培的优良品种。其中用于加工冲剂的铁皮石斛要求优质、高产，对外观的要求没有必要；用于加工的枫斗除要求优质、高产外，要求茎的粗细适中；用于鲜食的除了质量、产量因素外，还要求化渣性好、口感好，外观漂亮；用于原生态栽培，必须具有很好的适应环境能力，如抗低温与高温、干旱与水湿、病害与虫害能力，高光效与高肥效特点。

分子标记辅助育种技术是通过利用与目标性状紧密连锁的DNA 分子标记对目标性状进行间接选择，以期在早期世代就能够对目标基因的转移进行准确、稳定地选择，而且克服隐性基因再度利用时识别的困难，从而加速育种进程，是一种效率高且实用性强的辅助育种手段，在提高育种效率，选育抗病、优质、高产品种发挥着重要作用。随着功能基因组学的发展和实验技术手段的进步，分子标记和QTL 研究向基于基因组功能区段的新型分子标记以及QTL 的精细定位研究转移已成为发展方向。目前，国内外在大豆、玉米、棉花、水稻等许多作物分子标记辅助育种技术研究已经取得了显著成效。铁皮石斛分子标记辅助育种应重点开展主要活性成分、生长相关的功能基因的分离鉴定，SNP等分子标记体系开发、重要经济性状的分子标记筛选与应用，构建分子遗传图谱，定位重要经济性状的基因，建立分子标记辅助育种技术体系，加快育种进程。

（4）加强种苗低碳高效生产技术研究

①铁皮石斛组织培养专用光源系统开发。重点研究日光、LED、日光灯光谱、光强、光周期对组培苗生长状况、生长势和生产周期的影响，并在此基础上确定适宜的光谱、光强、光周期条件，开发出铁皮石斛组织培养的光调控系统，使光强和光谱可调，比传统日光灯光效更高、使用寿命更长，育苗周期更短、成本更低，种苗质量更好。

②铁皮石斛良种组织培养专用培养基的开发。现有铁皮石斛组织培养工厂，基本上都是应用铁皮石斛组织培养的通用培养基，而事实上不同品种对培养基需求存在明显的差异，进一步优化现有铁皮石斛组织培养通用培养基生长调节剂、基本培养基、天然添加物、碳源种类和浓度，开发出铁皮石斛良种组织培养专用培养基。种苗低碳高效生产具有很大的潜力。

二、铁皮石斛F_1代的特异性

1. F_1代家系间农艺性状的差异 通过13个F_1代家系测定，家系间农艺性状存在显著差异（表2–2），其中株高与萌蘖数变异最大，二年生时株高变化幅度为7.0～14.3 厘米，变异系数达21.2%；萌蘖数变化幅度为3.7～10.0株，变异系数达30.2%，杂交后代变异性和异质性明显。F_1代家系茎粗与亲

表2-2　F_1代家系间农艺性状比较

家系	萌蘖数（株）		株高（厘米）		茎粗（毫米）		茎节数量（个）		节间距（厘米）		叶片数量（片）		叶片长度（厘米）		叶片宽度（厘米）		叶形指数	
	Ⅰ	Ⅱ	Ⅰ	Ⅱ	Ⅰ	Ⅱ	Ⅰ	Ⅱ	Ⅰ	Ⅱ	Ⅰ	Ⅱ	Ⅰ	Ⅱ	Ⅰ	Ⅱ	Ⅰ	Ⅱ
6A×2B	3.7	4.5	5.1	13.1	6.97	6.43	9.1	11.4	0.7	1.2	6.3	9.8	3.4	4.9	1.1	1.6	3.1	3.1
9×66	5.4	6.6	4.7	13.1	5.20	5.43	7.7	12.3	0.8	1.2	6.2	10.5	2.8	3.8	1.0	1.5	2.8	2.7
17×30	6.9	10.0	3.8	8.5	4.33	4.34	8.3	10.2	0.7	1.1	6.1	10.0	3.2	3.7	0.9	1.3	3.5	2.9
17×71	4.9	7.4	4.7	12.5	4.87	4.21	8.9	11.8	0.8	1.2	7.1	10.2	3.2	4.3	1.0	1.4	3.3	3.1
30×83	4.4	6.5	5.5	13.7	4.79	4.58	9.1	12.4	0.8	1.2	6.9	11.0	3.2	4.1	0.9	1.3	3.5	3.1
65×91	4.7	7.2	4.7	11.6	4.74	4.82	8.8	12.9	0.7	1.2	7.3	11.3	3.1	4.2	0.9	1.4	3.4	3.0
78×69	3.9	4.9	5.7	14.3	4.85	5.01	8.7	12.1	0.8	1.2	6.9	9.7	3.0	4.3	1.1	1.6	2.8	2.8
86×56	3.4	3.7	5.5	7.0	4.02	3.87	8.9	8.1	0.9	1.0	5.7	6.8	3.3	3.5	1.0	1.2	3.3	3.0
99×31	4.4	6.3	5.0	12.5	5.00	4.93	9.1	12.5	0.7	1.2	7.2	10.3	3.1	4.1	1.1	1.5	2.9	2.8
124×140	6.8	9.0	3.4	9.8	5.03	4.27	7.8	10.7	0.8	1.1	6.6	9.1	3.1	4.0	1.0	1.4	3.2	3.0
77×78	3.9	—	4.4	—	4.21	—	8.5	—	0.8	—	5.7	—	3.1	—	1.0	—	2.9	—
78×72	3.0	—	4.1	—	4.20	—	7.5	—	0.8	—	4.2	—	3.3	—	1.0	—	3.3	—
78×75	2.8	—	3.8	—	4.04	—	7.1	—	0.8	—	4.0	—	3.1	—	1.0	—	3.1	—
CK	3.3	4.7	5.2	8.9	5.02	4.82	9.7	10.7	0.8	1.0	6.7	9.0	3.1	3.9	1.1	1.5	2.9	2.6
平均值	4.4	6.4	4.7	11.4	4.81	4.79	8.5	11.4	0.8	1.1	6.2	9.8	3.1	4.1	1.0	1.4	3.1	2.9
变异系数（%）	28.9	30.2	15.1	21.2	15.4	14.6	8.7	12.2	7.2	7.5	16.6	12.4	4.7	9.1	7.3	9.1	8.1	5.9
Sig.	0.000	0.001	0.000	0.002	0.000	0.000	0.005	0.000	0.286	0.006	0.000	0.034	0.003	0.000	0.016	0.000	0.003	0.105

注：“Ⅰ”表示一年生的测量值，“Ⅱ”表示二年生的测量值。

本存在明显的相关性，而株高、节间距、叶形指数等农艺性状与亲本相关性不明显，产生这种现象的主要原因可能是亲本的株高、节间距、叶形指数等农艺性状很大程度受环境的胁迫所致，而茎粗遗传相对稳定。因此，铁皮石斛品种选育时应充分重视茎粗性状。

田间试验结果还表明，78×69、78×72和78×75 这3个家系具有相同的母本，但主要农艺性状存在明显差异，其中78×69家系具有较强的萌蘖和生长能力，一年生时萌蘖数、株高、茎粗等性状明显优于78×72和78×75两个家系，二年生萌蘖数、株高、茎粗等性状在供试家系中位于前列，而78×72和78×75两个家系几乎没有新的萌蘖，植株停止生长。因此，在种质创制过程中，应注重父本的选择与控制，才能使杂交优势得到最大地发挥。

2. F_1代家系间产量的差异 13个F_1代家系测定结果同时表明，家系间产量性状存在显著差异（表2–3）。

从表2–3可见，铁皮石斛杂交优势明显，6A×2B、9×66、17×30、65×91、78×69、124×140等6个家系的生物产量显著高于CK，86×56等家系的生物产量显著低于CK，其他家系与CK比较差异不显著。供试的13个F_1代家系中，6A×2B、9×66、78×69这3个家系综合性状明显优于其他家系（表2–4）。

3. 农艺性状与产量的相关性 农艺性状和产量相关性分析结果表明，株高、茎粗、茎节数量、节间距、叶片数量、叶片长度、叶片宽度与生物产量、经济产量呈显著线性相关；叶形指数与生物产量、经济产量相关性不显著（表2–5）。萌蘖数与生物产量、经济产量呈现先上升后趋于平缓（图2–7），二年生时有效萌蘖数在4.5株/丛以上，生物产量与经济产量随萌蘖数的增加没有明显变化。

为了进一步揭示影响生物产量与经济产量的主要农艺性状，将总鲜重、总干重、茎鲜重和茎干重分别与株高、茎粗、茎节数量、节间距、叶片数量、叶片长度、叶片宽度进行逐步回归统计，结果表明，茎粗、叶片长度和叶片数量是影响生物产量与经济产量的主要因素。因此，品种选育时应充分重视茎粗、叶片长度和叶片数量等农艺性状。

表2-3 F_1代家系间产量比较

家系	总鲜重（克）	茎鲜重（克）	叶鲜重（克）	茎叶鲜重比	经济系数	总干重（克）	茎干重（克）	叶干重（克）	茎叶干重比	茎折干率（%）	叶折干率（%）
6A×2B	1 993.0 Aa	1 168.7 Aa	824.4	1.4	0.59	238.2 Aa	136.0 Aa	102.1	1.3	11.6	12.4
9×66	1 277.1 Bb	712.9 Bb	564.2	1.3	0.56	208.1 Bb	128.2 ABab	79.9	1.6	18.0	14.2
17×30	1 121.9 CDcd	550.0 Cc	571.9	1.0	0.49	185.7 CDc	110.2 DEc	75.5	1.5	20.0	13.2
17×71	876.6 FGgh	426.7 Ee	449.9	1.0	0.49	143.3 Fe	83.6 Ge	59.7	1.4	19.6	13.3
30×83	897.4 FGg	466.8 DEde	430.6	1.1	0.52	150.4 EFe	93.8 FGd	56.6	1.7	20.1	13.2
65×91	1 009.6 DEFef	512.9 CDcd	496.7	1.0	0.51	168.7 DEd	101.5 DEFd	67.2	1.5	19.8	13.5
78×69	1 218.9 BCbc	689.5 Bb	529.4	1.3	0.57	192.5 BCc	122.4 BCb	70.1	1.7	17.8	13.2
86×56	362.4 Hi	202.1 Ff	160.3	1.3	0.56	76.4 Gf	51.2 Hf	25.2	2.1	25.3	15.7
99×31	948.6 EFfg	506.2 CDcd	442.4	1.1	0.53	158.7 EFde	100.7 EFd	58.0	1.7	19.9	13.1
124×140	1 082.9 CDEde	514.8 CDcd	568.1	0.9	0.48	190.6 BCc	113.2 CDc	77.4	1.5	22.0	13.6
CK	780.2 Gh	427.5 Ee	352.7	1.2	0.55	145.7 Fe	97.8 Fd	47.9	2.0	22.9	13.6
平均值	1 051.7	561.6	490.1	1.1	0.53	168.9	103.5	65.4	1.6	19.7	13.5
变异系数（%）	37.9	43.2	33.3	14.3	6.9	25.0	22.5	30.2	14.8	17.5	6.2
Sig.	0.000	0.000	0.000	—	—	0.000	0.000	0.000	—	0.000	0.000

注：同一列平均数后所注的不同大小写英文字母分别表示新复极差测验1%和5%显著水平。

表2-4 优良家系杂交优势度量值*H*

家系	萌蘖数	株高	茎粗	茎节数量	节间距	叶片数量	叶片长度	叶片宽度	叶形指数	总鲜重	茎鲜重	总干重	茎干重
6A×2B	–0.04	0.47	0.33	0.07	0.20	0.09	0.26	0.07	0.19	1.55	1.73	0.63	0.39
9×66	0.40	0.47	0.13	0.15	0.20	0.17	–0.03	0.00	0.04	0.64	0.67	0.43	0.31
78×69	0.04	0.61	0.04	0.13	0.20	0.08	0.10	0.07	0.08	0.56	0.61	0.32	0.25

表2-5 农艺性状与产量的相关性

	株高	茎粗	茎节数量	节间距	叶片数量	叶片长度	叶片宽度	叶形指数
总鲜重	0.517**	0.849**	0.387*	0.398*	0.351*	0.689**	0.606**	–0.025
总干重	0.503**	0.743**	0.471**	0.398*	0.428*	0.539**	0.616**	–0.164
茎鲜重	0.531**	0.906**	0.357*	0.383*	0.301	0.694**	0.623**	–0.048
茎干重	0.517**	0.749**	0.502**	0.387*	0.428*	0.486**	0.656**	–0.270

注：* 表示在$P<5\%$水平上显著相关，** 表示在$P<1\%$水平上显著相关。

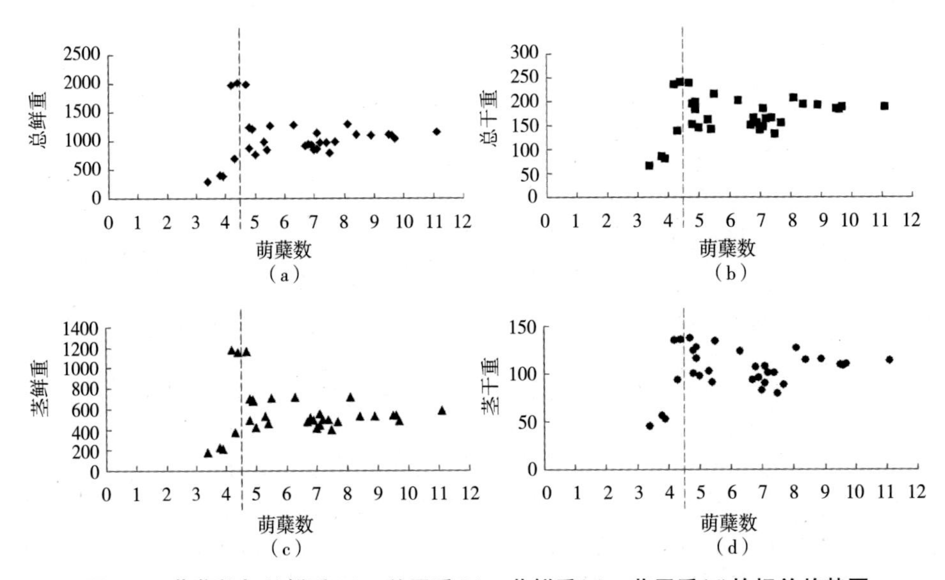

图2-7 萌蘖数与总鲜重(a)、总干重(b)、茎鲜重(c)、茎干重(d)的相关趋势图

4. F_1代家系间多糖含量的差异　供试F_1代家系多糖含量的测定结果见表2-6。

表2-6　F_1代家系多糖含量的测定结果

家系	多糖含量（%）	
	2012年5月1日样品	2013年2月6日样品
6A×2B	43.07±0.75 Aa	26.21±1.54 De
65×91	42.57±0.62 ABa	30.79±1.63 Ccd
78×69	40.52±0.80 CDb	30.70±0.62 Ccd
86×56	40.58±1.13 CDb	35.25±1.12 Aa
99×31	40.74±0.69 CDb	34.00±0.65 ABab
9×66	39.36±0.29 DEc	25.77±1.69 De
30×83	38.43±0.38 Ec	31.91±1.08 BCbcd
17×30	36.03±0.33 Fd	30.07±1.75 Cd
17×71	35.81±0.33 Fd	34.00±0.90 ABab
124×140	32.89±0.67 Ge	31.26±0.92 BCbcd
CK	41.33±0.42 BCb	32.41±0.74 ABCbc
平均值	39.21	31.13
变异系数（%）	8.17	9.61

注：同一列平均数后所注的不同大小写英文字母分别表示新复极差测验1%和5%显著水平。

从表2-6可见，2012年5月1日采集的样品多糖含量分别为32.89%~43.07%，Duncan新复极差测验的多重比较结果表明，6A×2B、65×91家系的多糖含量显著高于CK与其他家系，78×69、86×56、99×31家系多糖含量与CK比较差异不显著，124×140显著低于CK与其他家系。

采样时间对多糖含量存在显著影响，所有家系5月份采样的多糖含量均高于2月份，但不同家系变化幅度差别很大，如6A×2B家系2月6日采样多糖含量位居供试家系末位，5月1日采样多糖含量位居首位，两者含量相差16.86个百分点，124×140家系变化幅度最小。产生多糖幅度差别很大的原因可能与各家系的生长规律有关，在浙江义乌试验地，124×140家系通常10月初停止生长，而6A×2B家系至11月中旬才封顶停止生长，后期光合作用可产生更多的多糖。

5. F_1代家系浸出物含量的差异　供试F_1代家系浸出物含量的测定结果见表2-7。

表2-7 F_1代家系浸出物含量的测定结果

家系	浸出物含量（%）	
	2012年5月1日采集	2013年2月6日采集
6A × 2B	4.42 ± 0.29 ABb	17.40 ± 0.79 Aa
65 × 91	4.36 ± 0.15 ABbc	9.86 ± 0.85 BCbc
78 × 69	4.03 ± 0.35 Bc	10.23 ± 0.74 BCbc
86 × 56	4.68 ± 0.17 Aab	9.16 ± 1.30 BCbcd
99 × 31	3.42 ± 0.22 Cd	8.86 ± 0.67 BCcd
9 × 66	4.85 ± 0.13 Aa	7.90 ± 0.46 Cd
30 × 83	2.81 ± 0.04 De	9.89 ± 0.49 BCbc
17 × 30	3.54 ± 0.13 Cd	10.78 ± 1.31 Bb
17 × 71	4.64 ± 0.11 Aab	10.00 ± 0.79 BCbc
124 × 140	4.43 ± 0.03 ABb	8.52 ± 0.90 BCcd
CK	3.20 ± 0.30 CDd	8.13 ± 1.33 Cd
平均值	4.03	10.07
变异系数（%）	16.95	25.82

注：同一列平均数后所注的不同大小写英文字母分别表示新复极差测验1%和5%显著水平。

从表2-7可见，2012年5月1日采集的样品浸出物含量分别为2.81% ~ 4.85%， Duncan新复极差测验的多重比较结果表明，6A × 2B、9 × 66、17 × 71、65 × 91、78 × 69、86 × 56、124 × 140等7个家系的浸出物含量显著高于CK，其中9 × 66家系浸出物含量最高，为4.85%；17 × 30、99 × 31家系与CK比较差异不显著。家系间浸出物含量存在显著差异，说明品种选育是提高铁皮石斛浸出物含量的有效途径。采收时间同样显著影响浸出物含量，但与多糖积累规律相反，2月份采样的浸出物含量普遍高于5月份的采样，多糖变幅大的家系浸出物含量变幅也大，6A × 2B家系两次浸出物含量相差12.98个百分点。

研究结果表明：供试样品采自同一产地，栽培环境、基地管理均相同，家系间多糖和浸出物含量仍存在显著差异，说明这种差异主要来自遗传差异，品种选育是提高铁皮石斛多糖和浸出物含量的有效途径；产量高的品种（6A×2B、9×66、78×69等家系）可同时具备高多糖和醇溶性浸出物含量，通过品种选育，优质高产可同时实现。采收时间显著影响铁皮石斛多糖和浸出物含量，并具有规律性，2月份采集的样品浸出物含量明显高于5月份采集的样品，而多糖含量明显低于5月份采集的样品，而各个家系多糖与浸出物的积累又有其自身规律，特别是一些产量较高的优良家系（如6A×2B），不同采收季节变化幅度更大。

2010年版《中国药典》规定，铁皮石斛“11月至翌年3月采收”，“浸出物”项中规定“醇溶性浸出物不得低于6.5%”，“含量测定”项中规定“干品铁皮石斛多糖含量不得低于25.0%”。供试家系2013年2月6日采集的样品多糖和浸出物含量分别为25.77%～35.25%和7.90%～17.40%，均达到要求。但开花前采样的多糖含量显著提高，本研究供试10个家系5月份采样的多糖含量为32.89%～43.07%，比2月份采样的高8.08个百分点。5月份采样的浸出物含量为2.81%～4.85%，全部不达标。因此，进一步开展对铁皮石斛多糖与醇溶性浸出物的功效，以及铁皮石斛不同家系（品种）多糖和浸出物积累规律的研究，然后根据铁皮石斛功效成分的要求确定其最佳采收时间，对充分发挥铁皮石斛优良品种的作用、提高其药效具有重要意义。

三、铁皮石斛新品种介绍

1. ‘966’铁皮石斛

外观漂亮：茎深紫色，叶鞘常具紫斑，老时其上缘与茎松离而张开，与节留下1个环状铁青的间隙。

抗逆性较强：茎秆上下粗细相近，不易倒伏，茎长10～35厘米、粗约4.0毫米，节间距1.2厘米，耐-6℃低温。

产量高：栽培后第2年精准采收茎鲜重达295.2 千克/亩，比CK高66.8%以上；茎干重为53.1千克/亩，比CK高31.1%以上；一次栽培可连续采收5年以上。

质量好：多糖含量达42.4%，比2010年版《中国药典》规定的25.0%高17.4个百分点；渣少，适合加工与鲜食。

‘966’中试基地如图2-8所示。‘966’的形态特征如图2-9所示。专家领导现场考察‘966’品种如图2-10所示。

图2-8 ‘966’中试基地

图2-9 ‘966’的形态特征

图2-10 专家领导现场考察‘966’品种

2. ‘7869’铁皮石斛

外观漂亮：茎紫色，叶鞘常具紫斑，老时其上缘与茎松离而张开，与节留下1个环状铁青的间隙。

抗逆性较强：茎秆上下粗细相近，不易倒伏，茎长10～35厘米、粗约5.0毫米，节间距1.2厘米，耐-6℃低温。

产量高：栽培后第2年采收，茎鲜重达285.6千克/亩，比CK高61.3%以上；茎干重为50.70千克/亩，比CK高25.2%以上；一次栽培可连续采收5年以上。

质量好：经浙江省疾病预防控制中心检测，多糖含量达43.0%，比2010年版《中国药典》规定的25.0%高18个百分点；渣少，适合鲜食与加工。

‘7869’中试基地如图2-11所示。‘7869’的形态特征如图2-12所示。专家领导现场考察‘7869’品种如图2-13所示。

图2-11 ‘7869’中试基地

图2-12　‘7869’的形态特征

图2-13　专家领导现场考察‘7869’品种

3. ‘6A2B’ 铁皮石斛

外观漂亮：茎浅紫色，叶鞘常具紫斑，老时其上缘与茎松离而张开。

抗逆性较差：茎秆上粗下细，易倒伏，茎长10～35厘米、粗约6.5毫米，节间距1.2厘米，耐-2 ℃低温。

产量高：栽培后第2年采收，茎鲜重达484.1千克/亩，比CK高173.4%；茎干重56.3千克/亩，比CK高39.1%；一次栽培可连续采收5年以上。

质量好：经浙江省疾病预防控制中心检测，多糖含量达到48.0%，比2010年版《中国药典》规定的25.0%高23个百分点。茎嚼之黏性大、渣少，适合鲜食。

‘6A2B’中试基地如图2-14所示。‘6A2B’的形态特征如图2-15所示。浙江省委书记夏宝龙考察‘6A2B’品种如图2-16所示。

图2-14 ‘6A2B’中试基地

图2-15　‘6A2B’的形态特征

图2-16　浙江省委书记夏宝龙考察‘6A2B’品种

4. ‘森山1号’（浙认药2008007）铁皮石斛　‘森山1号’铁皮石斛如图2-17所示。栽培后第3年，全草采收亩产鲜铁皮石斛772～1 004千克，折干率为23%～25%；多糖含量为32.11%。

图2-17　‘森山1号’铁皮石斛

5. ‘仙斛1号’（浙认药2008003）铁皮石斛　栽培3年，全草采收亩产鲜品（茎叶产量）1 695千克，比对照‘云南软脚’、‘广西硬脚’分别增产104.0%和32.4%；干品率为24.9%，比对照‘云南软脚’、‘广西硬脚’分别高63.0个百分点和38.7个百分点。

多糖含量为47.1%，比对照‘云南软脚’、‘广西硬脚’分别高117.1个百分点和187.2个百分点，商品性好；抗冻性较强。

四、铁皮石斛良种生产技术

选择经种质资源评价的种质资源A与种质资源B两个亲本，6月份铁皮石斛开花后7～10天摘除唇瓣，用已消毒的镊子夹取花药块送入柱头进行人工授粉。铁皮石斛在整个花期内进行人工杂交授粉结果，开花后4～10天坐果率可达100%，花将谢时人工授粉坐果率仍可达85.7%，证明整个花期花粉活力的存在，但果实的饱满度、有效种子率明显下降。铁皮石斛人工杂交授粉如图2-18所示。

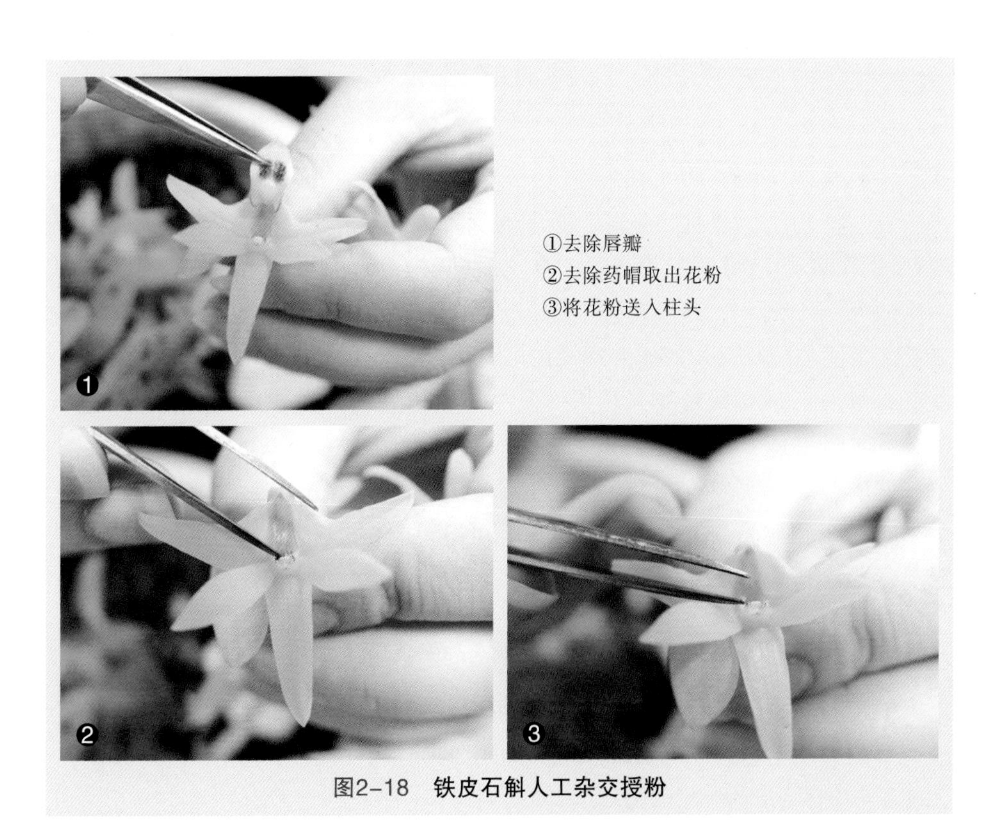

图2-18　铁皮石斛人工杂交授粉

铁皮石斛人工自交授粉结实率为7.3%；温室大棚设施栽培自由授粉、野外昆虫辅助授粉结实率通常很低。上述结果主要原因可能与铁皮石斛花的构造有关，铁皮石斛是虫媒花，但4个花粉团被2个药帽盖住，阻挡了昆虫与花粉的接触，柱头在柱头窝内，唇瓣又阻挡了昆虫传粉到柱头的机会。

铁皮石斛授粉结果情况如图2–19所示。

图2–19 **铁皮石斛授粉结果情况**

铁皮石斛授粉成功的花朵在第2天花瓣开始收缩，4天后花瓣和侧萼片变黄萎蔫且子房开始膨胀，6天后即可看到果实的雏形。授粉败育的花朵在授粉3天后颜色开始明显变黄萎蔫，自交后5天内败育的果实占自交总败育果实的比例为96.1%；杂交败育比自交败育要慢，授粉后5天内败育的果实占杂交总败育果实的比例为45.9%，20天内败育果实占总败育果实的比例为97.3%。铁皮石斛人工杂交授粉20天后果实基本不会再脱落，可以根据每株枝叶生长情况及时疏果。

铁皮石斛果实生长，在授粉后20天内生长最快，60天后趋于缓和，70天后果实进入稳定成熟期，授粉后130 ~ 150天成熟，10月下旬至11月初果实成熟。

五、铁皮石斛种苗高效低碳生产技术

铁皮石斛种苗低碳高效生产技术主要包括基本培养基、外植体、植物生长调节剂种类与浓度、添加剂种类与浓度的选择，光照、温度、pH等调控。铁皮石斛接种过程如图2–20所示。

图2-20　铁皮石斛接种过程

1. 外植体的选择　在植物组织培养中，外植体的选择是十分关键的环节，不同的取材部位和时期，培养的结果将不一样。用铁皮石斛茎段、根尖均可成功诱导出愈伤组织、类原球茎或直接转化成芽获得再生植株。种子在无菌条件下培养（图2-21），萌芽率显著提高，并诱导出原球茎，培育出试管苗，目前推广的外植体主要是种子。

图2-21　铁皮石斛种子无菌播种

2. 培养基的选择　用于石斛类的植物组织培养的培养基有MS、KC、N_6、B_5、SH、1/2B_5、1/2N_6、1/2SH、1/2MS等，其中MS培养基种子萌发率和原球茎形成率较其他培养基要高，1/2MS诱导原球茎分化丛生芽效果较好，改良MS培养基（NH_4NO_3减少50%，其余与MS相同）能显著提高铁皮石斛原球茎增殖倍数。MS、1/2MS和改良MS培养基目前在铁皮石斛组培中使用最为广泛，其中1/2MS培养基用于种子萌发、原球茎分化和试管苗生根，MS与改良MS培养基用于原球茎增殖和壮苗的培养。

3. 植物生长调节物质的选择　植物生长调节物质对植物细胞分裂、诱导器官形成和次生产物的合成都有重要作用，一般细胞分裂素有利于诱导芽的发生，生长素有利于根的形成。一定浓度范围的生长素和细胞分裂素组合能促进铁皮石斛原球茎的形成和芽的分化，IBA对种子萌发、原球茎的形成、试管苗的生根有明显的促进作用，0.5毫克/升浓度的IBA对生根效果最佳。6-BA 0.5～1.0毫克/升+ NAA 1.0毫克/升+ KT 1.0毫克/升激素配比对原球茎增殖最佳，6-BA 2.0～3.0毫克/升+NAA 0.5～1.0毫克/升+KT 1.0毫克/升激素配比对芽的分化较为理想。研究发现，原球茎和丛芽在添加较高浓度的生长素和细胞分裂素组合的培养中连续继代3～4次，玻璃化现象加剧。

4. 天然添加物对铁皮石斛生长的影响　在铁皮石斛组织培养的过程中，添加各种不同天然附加物（如马铃薯、香蕉、苹果等)对其生长和发育有一定的促进作用。添加0.5%活性炭和香蕉汁、苹果汁能促进试管苗根的生成和生长；添加椰汁能够促进原球茎分化较多丛生芽且长势较好；1/2MS+马铃薯提取液的培养基适宜种子萌发；在N_6上添加150毫克/升香蕉可促进幼苗生长。研究发现，单独添加香蕉汁、苹果汁均能促进铁皮石斛试管苗生根和生长，但培养前期苹果汁好于香蕉汁，后期香蕉汁好于苹果汁，添加25克/升苹果汁+75克/升香蕉汁有利于壮苗培养。

5. 种子萌发　选择饱满无裂缝的蒴果，用无菌水小心冲洗蒴果上的尘埃后置于超净工作台上用70%～75%的酒精浸泡1分钟，然后用15%～30%的次氯酸钠消毒6～10分钟，最后用无菌水冲洗3～5次，用无菌滤纸吸干蒴果上的水分。将消毒好的蒴果切开顶部，用镊子夹住蒴果的基部，蒴果的切口对准培养容器口轻轻敲打夹住蒴果的镊子，把种子均匀地撒在种子萌发培养基上，以大多数种子都接触到培养基为宜，以便减少此后的转接次数，一般1个蒴果可以培养30～80瓶。培养条件为：14小时光照，光照强度为1 500～2 500勒，温度为23～25℃；10小时暗培养，温度为20～22℃；上述光照和暗培养交替进行。

6. 原球茎的诱导　把种子均匀地撒在原球茎诱导培养基上进行原球茎诱导。挑选长势均一、生长状态好、无分化、色泽嫩绿的原球茎进行继代培养，继代控制在3～5代。培养条件为：16小时光照，光照强度为1 500～2 500勒，温度为26～28℃；8小时暗培养，温度为20～22℃。把原球茎接种到分化培养基中，进行再分化培养。培养条件为：16小时光照，光照强度为1 500～2 500勒，温度为26～28℃；8小时暗培养，温度为20～22℃；上述光照和暗培养交替进行。铁皮石斛原球茎培养如图2-22所示，原球茎分化产生的丛芽如图2-23所示。

图2-22　铁皮石斛原球茎培养

图2-23　原球茎分化产生的丛芽

7. 生根壮苗　待种子或原球茎萌发，植株长到约2厘米高时，转接到壮苗生根培养基（图2-24）。培养条件为：16小时光照，光照强度为1 500～2 500勒，温度为24～26℃；8小时暗培养，温度为20～22℃；上述光照和暗培养交替进行。

图2-24　铁皮石斛壮苗培养

8. 环境条件与继代次数的控制 无论是在自然条件还是在离体培养条件下，植物的光和温度信号总是互相联系的，植物既以定性的又以定量的方式对温度和光照做出反应，当培养物在培养基中发生形态重建时，需要较高的光照水平，增强光照也有利于发根。多数研究者在铁皮石斛组织培养时所备的环境条件是培养温度为24～26℃，每天光照12～14小时，光照强度为1 500～3 000勒。繁殖代数越多，试管苗越易衰老退化。铁皮石斛的原球茎繁殖代数应控制在3代内，减化接种程序，减少转接次数，能有效提高组培效益与组培苗质量。

采用LED、日光综合利用的铁皮石斛培育专用光源系统（ZL200910154225.1），能耗降低70%，空间利用率提高50%（图2-25至图2-28）,得到有关领导的充分肯定。

图2-25 LED种苗低碳高效生产技术（ZL200910154225.1）

图2-26　铁皮石斛日光组培工厂

图2-27　铁皮石斛组培瓶内炼苗

图2-28　铁皮石斛组培苗日光下炼苗

作者研究铁皮石斛种苗低碳生产如图2-29所示，浙江省人大副主任程渭山视察作者铁皮石斛种苗组培工厂如图2-30所示。

图2-29　作者研究铁皮石斛种苗低碳生产

图2-30　浙江省人大副主任程渭山视察作者铁皮石斛种苗组培工厂

第三章

铁皮石斛的优质高效栽培模式

TIEPISHIHU DE
YOUZHI GAOXIAO ZAIPEI MOSHI

目前铁皮石斛栽培模式以设施大棚栽培为主，主要技术环节包括栽培环境、栽培基质、栽培时间与方法、高温与冻害防控、病虫害防治等关键技术，技术基本成熟，但存在投入大、环境非友好型等问题。为了降低生产成本、实现环境友好，作者近年来先后研究成功活树附生原生态栽培、立体栽培、盆栽等3种栽培模式。

一、设施仿生栽培模式

铁皮石斛设施仿生栽培模式是在玻璃温室或塑料薄膜大棚内，以树皮等为栽培基质，配备遮阳网、喷雾装置等设施，模仿野生环境培育铁皮石斛的一种栽培方法。适用于浙江、云南、广东、安徽、湖南、福建、江苏、四川等全国铁皮石斛适栽区域。

1. 栽培设施　栽培设施主要用于遮阳、防冻、防雨，可选用玻璃温室或塑料薄膜连拱大棚，也可选用8米或6米标准塑料大棚，棚长不大于40米，棚间距不少于2米，以利通风。云南等雨季长的地区宜搭架栽培（图3-1a），浙江等地宜地栽（图3-1b）。地栽宜棚内开沟做畦，畦宽1.2～1.4米；畦沟、围沟高约25厘米，沟沟相通，并有出水口；畦面整平，上铺碎石、石棉瓦或地布，防水防草。搭架栽培架高50～80厘米为宜，宽1.2～1.4米，利于通风，便于操作。采用人工遮阳，遮阳度以60%～70%为宜。

（a）铁皮石斛搭架栽培模式

（b）铁皮石斛地栽模式

图3-1　铁皮石斛设施仿生栽培模式

2. 栽培基质　栽培基质报道中有水苔、碎石、花生壳、苔藓、椰子皮、松树皮、木屑、木炭、木块等，但目前生产中应用的主要有树皮、木屑，或树皮、木屑、碎石、有机肥混合物。作者研究发现，铁皮石斛试管苗直接种植以松树皮70%+碎石30%混合基质为佳，种植成活率达95%以上；驯化3～12个月的驯化苗以松树皮70%+碎石30%混合基质，另加适量有机肥较好，既满足保水性、透气性要求，又有利于植株固定。地面栽培基质厚度一般控制在20厘米左右，下层用5厘米左右粒径粗基质（图3-2a），上层用2～3厘米粒径松树皮70%+碎石30%配方，效果较好（图3-2b）；搭架栽培基质厚度一般用2～3厘米粒径松树皮，厚度为5～10厘米。基质使用前需要发酵、消毒，防止烧苗，并杀死害虫、虫卵及病菌。

（a）下层5厘米左右粒径粗基质

（b）上层2～3厘米粒径松树皮70%＋碎石30%配方

图3-2 铁皮石斛栽培基质

3. 栽培时间与方法 组培瓶苗直接种植，应选择每年的春秋两季栽培，春季优于秋季。在浙江地区，铁皮石斛栽培的最佳时间是每年3月下旬至5月上旬，这段时间气温为12～25℃，且空气湿度较大，出瓶后的试管苗移栽成活率较高且生长期较长；其次是9月中旬至10月下旬，此时期移栽特别要做好抗寒防冻工作。在云南地区铁皮石斛的栽培时间是每年2月下旬至5月上旬和9月中旬至11月上旬。丛栽方式栽种，以3～5株为1丛，行距20厘米，丛距10厘米，10万株/亩为宜。铁皮石斛设施仿生栽培种植方法如图3-3所示。

（a）地栽式

（b）搭架式

图3-3 铁皮石斛设施仿生栽培种植方法

瓶苗直接种植成活率可达95%以上，但生长速度远低于炼苗3个月以上的种苗，建议有条件的种植者炼苗后种植，即瓶苗先集中在穴盘中种植3～12个月后再移栽。铁皮石斛穴盘炼苗如图3-4所示。

图3-4 铁皮石斛穴盘炼苗

4. 肥水管理 铁皮石斛自然生长速度较慢，要提高铁皮石斛生长速度，必须适时适量地提供养分。铁皮石斛具有固氮功能，因此栽培时不必使用高氮肥。沤熟的饼肥、羊粪、沼液能有效促进生长。施肥时一般用浓度为1～3克/升的低氮复合液体肥，每半月施1次。施肥时间一般在每年4～10月份的生长期，当石斛停止生长时，即停止施肥。栽种后视植株生长情况，在第3天开始进行第1次浇水。如遇伏天干旱，可在早晚喷水，避免在阳光曝晒下喷水。多雨地区和雨季，要及时清沟理墒，加深畦沟和排水沟，及时排水。进入冬季前要对铁皮石斛进行抗冻锻炼并适当降低湿度，每周至半个月喷1次水。

5. 高温与冻害防控 铁皮石斛生长最适温度为20～26℃，气温超过35℃时，设施栽培铁皮石斛基本上停止生长；气温高于40℃时，大棚内温度可达50℃以上，严重影响铁皮石斛的生长和产品质量。气温高于40℃时的高温危害如图3-5所示。可通过棚外喷雾来降低棚内温度，棚内温度可降低3℃以

（a）高温下生长不良

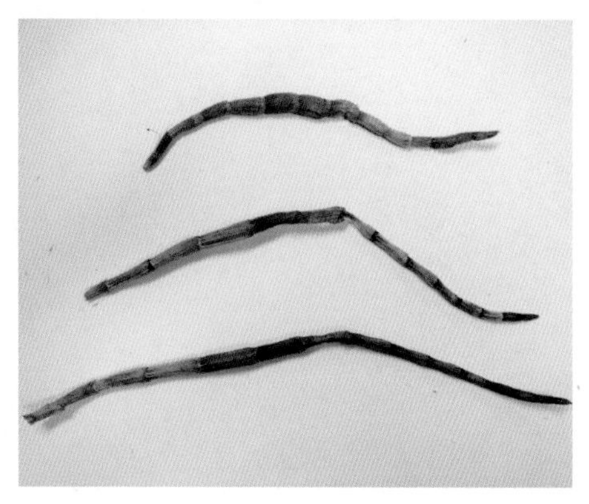
（b）高温后产品

图3-5 气温高于40℃时的高温危害

上，是最经济有效的抗高温手段。具体做法是在外棚顶装一水管，在水管上每隔3～4米装一个雾喷头。棚顶喷雾装置如图3-6所示，高温喷雾后铁皮石斛的生长情况如图3-7所示。

图3-6　棚顶喷雾装置

图3-7　高温喷雾后铁皮石斛的生长情况

铁皮石斛多数品种仅耐-2℃低温，冻害是影响铁皮石斛栽培的一个主要问题。解决冻害问题首先从品种上着手，然后考虑栽培设施防冻。南方种源北移引起冻害的情况如图3-8所示，本地种源因海拔高度增加引起冻害的情况如图3-9所示，大面积冻害的情况如图3-10所示。

图3-8　南方种源北移引起冻害

图3-9　本地种源因海拔高度增加引起冻害

图3-10　大面积冻害的情况

6. 铁皮石斛病害的防控　病虫害防治主要采用以防为主，综合防治方法，如进行场地预处理、清理场地周围的杂物、棚内外用遮阳网严格隔离。树皮（左）与木屑（右）两种基质病害情况如图3-11所示。铁皮石斛病害的防治，通风是关键。禁止使用高毒、高残留农药，有限度地使用部分化学农药。

（1）炭疽病　主要危害叶片，发病初期叶面上有退绿小点出现并逐渐扩大，形成圆形或不规则形病斑，边缘深褐色，中央部分浅色，上有小黑点出现，病害严重时病斑相互连接成大病斑，引起整叶枯焦、脱落，严重影响植株生长。在发病初期可用65%代森锌600倍液或75%百菌清800倍液叶面喷雾，较严重时用25%使佰克乳剂2 000倍液喷雾。一般每7天喷1次，连续喷2～3次。清除田间病叶并及时烧毁。

（2）白绢病　白绢病危害情况如图3-12所示。茎基部发病，像水烫的样子，在植株上及栽培床表面可见许多白色绢状菌丝及中心部位形成褐色菜籽样菌核，植株腐烂而死亡。发现病株立即拔除烧毁，并用生石灰粉处理病穴，或用50% 福多宁可湿性粉剂3 000倍液或75% 灭普宁可湿性粉剂1 000倍液喷雾。一般每7天喷1次，连续喷2～3次。在高温多雨季节可喷洒硫酸铜半量式的波尔多液，预防病害发生。同时，增施磷、钾肥，增强其抗病性。

图3-11　树皮（左）与木屑（右）两种基质病害情况

图3-12　白绢病危害情况

（3）黑斑病 该病由病菌寄生于铁皮石解叶之上所致。起初叶背出现淡黄棕色麻点，以后在叶面上形成深褐色斑点，有暗灰色瘤状被膜，一般有黑色边缘，黑斑一旦产生，就不再消失，严重时造成全叶枯死。保持铁皮石解种植场地通风良好，控制好水分，防止种植基质过湿。可用硫酸铜半量式（硫酸铜、生石灰、水的比例为0.5：1：100）的波尔多液预防，每月喷洒1次。发病期间，用甲基托布津加1 000～1 200倍液防治，每隔7～10天喷洒1次，连续喷2～3次；最好与甲基托布津交替使用。

（4）软腐病 该病通常在5～6月份发生。症状主要是植株茎秆水渍状由上往下腐烂，造成死亡。控制好浇水量；严重时用农用链霉素4 000倍液和百菌清1 000倍液混合或农用链霉素4 000倍液和扑海因1 000倍液喷雾，每隔7～10天喷洒1次，连续喷2～3次，施药时间最好在上午10:00前、下午4:00后。

（5）疫病 主要为害当年移植的铁皮石斛苗，黑褐色病斑首先出现在茎基部，呈水渍状，病斑向下扩展，造成根系死亡，引起植株叶片变黄、脱落、枯萎。如果遇到连阴雨天气，病斑沿茎向上迅速扩展至叶片，受侵染的叶部黑褐色，对着光呈半透明状，严重时整个植株像开水烫过似的，随后叶片皱缩、脱落，以至整个植株枯萎死亡。疫霉菌也危害二至三年生的植株，但只侵染植株顶部当年长出的幼嫩部分，引起顶枯。疫病在田间以发病植株向周围扩展，形成明显的发病中心。用70%卡霉通、医用的氯霉素针剂1 000倍液喷雾。也可用海因、世高、百菌清、甲霜灵、疫霉灵、甲霜铜等农药防治。

7. 铁皮石斛虫害的防控

（1）斜纹夜蛾 7～9月份为高发期，幼虫以为害叶片和嫩芽为主，是一种暴食性害虫。初孵时至幼虫3龄前聚集叶背取食叶下表皮和叶肉，幼虫4龄以后有避光性，白天躲在基质中，常在夜间取食。防治方法主要有：利用防虫网尽量不让斜纹夜蛾飞入生产大棚内，若发现大棚内有斜纹夜蛾成虫（蛾），要第一时间捕杀，防止其在棚内产卵；利用杀虫灯、性诱剂等诱杀害虫；及时摘除卵块或初孵幼虫群集“纱窗叶”；在幼虫低龄期（3龄前）选用高效低毒低残留农药进行喷雾防治，药剂可选用10%除尽乳油1 500倍、20%米满乳油1 000～1 500倍、5%抑太保乳油1 500～2000倍，0.5%甲维盐1 500倍液。4龄后幼虫具有夜间为害特性，施药应在傍晚进行。

（2）软体动物 蜗牛和蛞蝓在整个生长期都可为害（图3-13），常咬食嫩叶。一般白天潜伏阴暗处，夜间取食，阴雨天为害较重。防治方法主要有：采用人工捕杀；用菜叶或青草毒饵诱杀，即用50%辛硫磷乳油0.5千克加鲜草50千克拌湿，于傍晚撒在田间诱杀；大面积生产时，选择晴天的傍晚，将6%密达颗粒剂、蜗克星或梅塔颗粒撒于种植床上，1～2天不浇水。在畦四周撒石灰，防止蜗牛和蛞蝓爬入畦内为害。

（a）蜗牛为害情况

（b）蛞蝓为害情况

图3-13　软体动物为害情况

（3）独角仙　独角仙为害情况如图3-14所示。每年9～10月份幼虫为害严重，多在夜间活动，咬断根系。防治方法：一是从源头开始，选用树皮为基质；二是以木屑为基质者，对基质需要高温杀菌，减少独角仙成虫在基质内产卵、生存；三是安装防虫网，阻止外面成虫飞进大棚内产卵；四是利用诱捕工具进行诱杀成虫。

图3-14　独角仙为害情况

（4）红蜘蛛　常在气温高干燥时发生。被害叶片汁液被吸之后，形成皱纹状的白斑，受害严重植株呈灰色，植株衰弱。防治方法：为害初期可用三唑锡2 000倍+阿维菌素4 000倍或2%农螨丹1 000倍液喷洒，注意交替使用，以减少红蜘蛛的抗药性。

（5）粉虱　其繁殖能力非常强，以成虫及若虫群集在嫩叶的叶背面吸收汁液，造成叶片退色、变黄、枯萎，并常在伤口部位排泄大量蜜露，造成煤污并发生褐腐病，严重时植株枯死。防治方法:可用黄色粘虫板；可选用三唑锡2 000倍+阿维菌素4 000倍+20%啶虫脒2 000倍或或20%速灭杀丁2 000倍液，每隔7～10天喷1次，连续喷2～3次。

二、活树附生原生态栽培模式

铁皮石斛活树附生原生态栽培模式是以自然生长的树木作为载体，利用树木枝叶遮阴，将铁皮石斛附生于树干、树枝、树杈上，仿照铁皮石斛自然生长环境的一种栽培方法。病虫害防治、采收时间与方法同设施栽培模式。已经在浙江乐清、临安、莲都、建德、萧山、景宁、松阳、磐安、庆元、遂昌等10多个县（市）推广1 000余亩。

1. **栽培环境与树种**　要求温暖、湿润、通风、透气的环境，其中光照与温度为最主要的环境因素。自然遮阳度一般在 50%～70%，光照一般为漫射光、散射光，光照过强过弱均影响产量与产品的品质。光照对铁皮石斛生长的影响如图3-15所示，铁皮石斛在遮阳度为50%～70%板栗树上的生长情况如图3-16所示，铁皮石斛在阳光暴晒下生长不良如图3-17所示。

（a）光照过弱

（b）光照过强

图3-15　光照对铁皮石斛生长的影响

图3-16 铁皮石斛在遮阳度为50%～70%板栗树上的生长情况

图3-17　铁皮石斛在阳光暴晒下生长不良

附生树种：针叶与阔叶、常绿与落叶、光皮与糙皮均可，铁皮石斛在香樟、杨梅、木荷、枫杨、黄檀木、枫香、梨板栗、松树、红豆杉、杉木、柏木上都能很好地生长，在毛竹上也能生长。铁皮石斛在香樟树上的生长情况如图3-18所示，在松树上的生长情况如图3-19所示，在毛竹上的生长情况如图3-20所示，在红豆杉上的生长情况如图3-21所示，在杉木上的生长情况如图3-22所示，在柏木上的生长情况如图3-23所示，在枫杨树上的生长情况如图3-24所示，在黄檀木上的生长情况如图3-25所示，在木荷树上的生长情况如图3-26所示，在杨梅上的生长情况如图3-27所示，在枫香上的生长情况如图3-28所示。

图3-18　铁皮石斛在香樟树上的生长情况

图3-19　铁皮石斛在松树上的生长情况

图3-20 铁皮石斛在毛竹上的生长情况

图3-21 铁皮石斛在红豆杉上的生长情况

图3-22　铁皮石斛在杉木上的生长情况

图3-23　铁皮石斛在柏木上的生长情况

图3-24　铁皮石斛在枫杨树上的生长情况

图3-25 铁皮石斛在黄檀木上的生长情况

图3-26 铁皮石斛在木荷树上的生长情况

图3-27 铁皮石斛在杨梅上的生长情况

图3-28 铁皮石斛在枫香上的生长情况

2. 栽培时间与方法 在浙江地区，宜在3～4月份栽培，迟至5月下旬，广西、广东、云南等地可提早至最低气温10℃时进行种植。栽培前，清除林下的杂草和灌木；间伐劣势木；清除枯枝、细枝、过密枝、藤蔓和树干的苔藓、地衣植物等，将林分的透光度调整至35%～40%。

栽植用苗为一年生或二年生苗。栽培时，在树干上间隔35厘米种植一圈（层距），每圈用无纺布或稻草自上而下呈螺旋状缠绕，在树干上按3～5株1丛，丛距8厘米左右（图3-29）。捆绑时，只可绑其靠近茎基的根系，露出茎基，以利于发芽（图3-30），但也不能太靠下，否则影响植株固定与直立，甚至影响生长（图3-31）。

图3-29 **捆绑过程**

图3-30 **捆绑正常**

图3-31 **捆绑太靠下将影响生长**

种植后每天喷雾1～2小时，保持树皮湿润，基本上不需要施肥用药。喷水设施如图3-32所示，喷水效果如图3-33所示。

图3-32 **喷水设施**

（a）没有喷水

（b）合理喷水

图3-33 **喷水效果**

3. 注意事项 该模式要特别注意抗寒品种的应用。铁皮石斛在温度25℃左右生长最好，温度过低，轻者冻伤，重者冻死，35℃以上一般停止生长。不同种质耐低温能力差异很大，广西、广东、云南种质通常0℃以下就要遭受冻害，浙江种质一般可耐-6～-5℃的环境，浙江农林大学选育出了可耐-10～-8℃抗低温种质。同时要注意防止软体动物、鼠及其他动物为害。

4. 活树附生原生态栽培模式与设施仿生栽培模式比较 活树附生原生态栽培，以林地资源为依托，充分利用林下自然条件，进行合理种植，构建稳定良性循环的生态系统与发挥林地综合效益的发展模式，对于充分利用林地资源和林荫空间，转变林业经济发展方式，实现以短养长、长短结合的良性循环，调动农民发展林业的积极性，提高林业利用率和综合效益以及保护生态环境，具有十分重要的意义，相对设施仿生栽培模式，具有显著的经济技术优势（表3-1）。

表3-1 活树附生原生态栽培模式与设施仿生栽培模式在经济技术方面的比较

经济技术	设施仿生栽培	活树附生原生态栽培
栽培成本	塑料大棚2.5万元/亩，基质2.5万元/亩	不需大棚，不需要基质，节约成本5万元/亩
环境调控	温度、湿度、光照均可人工调控，管理方便	利用自然条件，管理难度较大
生态影响	塑料大棚对环境有一定的负面影响	充分利用林地资源和林荫空间，环境友好型
资源利用	与粮食争良田	不与粮食争良田，不与林木争林地
资源保护	减少野生铁皮石斛资源消耗	减少野生铁皮石斛资源消耗，并有利于野生种群的恢复
产量（带叶）	300～500千克/亩	略低于设施栽培
产品质量	有机、绿色、无公害	原生态

该模式受到国家林业局、国家中医药管理局，浙江省有关领导的高度关注，浙江省委书记夏宝龙、省长李强、国家中医药管理局副局长李大宁等领导先后考察了研究成果。浙江省委书记夏宝龙考察铁皮石斛树上种植如图3-34所示，浙江省省长李强考察铁皮石斛树上种植如图3-35所示，国家中医药管理局副局长李大宁考察铁皮石斛栽培基地如图3-36所示。

图3-34　浙江省委书记夏宝龙考察铁皮石斛树上种植

图3-35　浙江省省长李强考察铁皮石斛树上种植

图3-36　国家中医药管理局副局长李大宁考察铁皮石斛栽培基地

三、立体栽培模式

铁皮石斛立体栽培模式（图3-37）是作者最新研究成功的一种铁皮石斛优质高效栽培方法，采用普通连拱大棚种植，选用抗寒品种可不用塑料薄膜，遮阳度为60%即可。立木密度为（0.7～1.0）米×1.0米，捆绑与管理方法同活树附生原生态栽培。

图3-37　铁皮石斛立体栽培

该模式具有集约、高效，管理方便；温度、湿度和光照相对可控；病虫害、野生动物为害可控等优点。又有活树附生原生态栽培不施化肥、不用农药的生态性，一根长3米粗20厘米的基质，占地面积0.7～1米^2，可利用表面积1.88米^2，年产优质铁皮石斛500克以上，土地利用率提高2～3倍，基质利用率提高30%，单位面积产量提高50%以上，按2 000元/千克计算，产值可达亩产百万元。

四、盆栽模式

铁皮石斛盆栽模式是以花盆等容器为载体，在自然生长的森林环境、人工设施环境或者室内栽培的一种栽培方法。既可生产药材又可供观赏。铁皮石斛盆苗生产如图3-38所示，铁皮石斛盆栽生产如图3-39所示，铁皮石斛阳台盆栽如图3-40所示，铁皮石斛盆栽造型如图3-41所示。栽培基质、栽培方法、肥水管理、病虫害防治、采收等与设施仿生栽培模式类似。

图3-38　铁皮石斛盆苗生产

图3-39　铁皮石斛盆栽生产

图3-40　铁皮石斛阳台盆栽

图3-41　铁皮石斛盆栽造型

第四章

铁皮石斛的采收与采后加工技术

TIEPISHIHU DE CAISHOU YU CAIHOU JIAGONG JISHU

采收与加工是中药材生产的重要环节。我国第一部药学专著《神农本草经》中记载："阴干、曝干，采造时月生熟，土地所出，真伪新陈，并各有法。"现代分析化学与药理研究证明，中药材适时采收、合理干燥、科学加工，是保证和提高药材质量的重要途径。铁皮石斛表皮细胞外包裹着一层黄色的角质层，可阻止植物体内的水分外逸，药材采收后，如果不及时进行加工干燥，它仍能保持鲜活状态，室温存放周年还能生根发芽，损耗了有效成分，使其质量下降。

经典本草、方书对铁皮枫斗应用的记载中均强调"宽汤久煮"，但研究证明铁皮枫斗直接投料法"宽汤久煮"也未必能充分提取药材中的多糖，通过粉碎将大大提高铁皮石斛多糖快速溶出速率，建议临床及保健食用铁皮枫斗时选用粉碎后水煮2小时。

一、精准采收技术

2005年版《浙江省中药炮制规范》对石斛采收期要求为"全年可采"。浙江省地方标准《无公害铁皮石斛》（DB33/T 635.3—2007）规定"铁皮石斛适宜采收时间为11月至次年6月，采取采旧留新和全草采收两种方式；实行采旧留新的，采收20个月以上生长期的地上部分植株"。2010年版《中国药典》（一部）对铁皮石斛药材采收期要求："在11月至翌年3月采收"，没有规定采旧留新和全草采收。

实施精准采收，必须先了解铁皮石斛不同生理年龄形态上存在的差异：一年生萌条，5节以上均有叶片，无叶片黄化现象，无花（果）柄残留，顶芽尚存；二年生萌条，3～4月份可见花芽萌发，5～7月份开花，秋冬季节中下部叶片通常脱落或黄化，可见花（果）柄残留，顶芽退化；三年生以上萌条，叶片完全脱落，萌蘖节上多见花（果）柄残留，托叶鞘灰白色常包被茎条。不同生理年龄的铁皮石斛形态差异如图4-1所示。

图4-1 不同生理年龄的铁皮石斛形态差异
1. 一年生萌条 2. 二年生萌条 3. 三年生萌条

2008年09月30日至2010年11月30日，每隔2个月在新安江铁皮石斛专业合作社（浙江建德）采集铁皮石斛1～3年生萌条（生理年龄）。2013年至2014年每月采集浙江佳诚生物工程有限公司（浙江义乌）‘6A2B’、‘7869’、‘966’三个品种样品，测定结果表明：采收时间与生理年龄显著影响铁皮石斛的多糖含量。采收时间与生理年龄对铁皮石斛多糖含量的影响见表4-1、表4-2。一年生时，多糖含量随着生长时间延长呈上升趋势；二年、三年生时，开花前达到最高，随后开始下降，其中二年生7月份以后急剧下降，三年生5月份后急剧下降。这种差异的产生与铁皮石斛叶片生长及开花等生物特性有着内在的联系，铁皮石斛萌蘖当年，萌条上每节均有叶片，直至冬季基部有少量落叶或黄化，无开花现象，有利于多糖的积累。第二年6月份以后由于开花耗能，多糖含量会下降；但二年生萌条中下部叶片通常在秋冬季节脱落或黄化，保留的叶片仍可进行多糖的积累，所以开花后下降较慢，到第三年还能恢复到较高含量。三年生以上萌条叶片基本脱落，因此伴随着开花多糖大量消耗，难以恢复。

表4-1　采收时间与生理年龄对铁皮石斛多糖含量的影响（建德，%）

采样时间	一年生	二年生	三年生
1月31日	—	25.00	27.30
3月31日	—	36.30	37.50
5月31日	—	31.70	35.70
7月31日	—	30.70	16.00
9月30日	15.00	23.00	25.70
11月30日	23.75	23.25	24.00
全年平均值	19.38	28.33	27.70

表4-2　采收时间与生理年龄对铁皮石斛多糖含量的影响（义乌，%）

品种	生理年龄	2013.4.27	2013.6.1	2013.7.1	2013.8.1	2013.8.28	2013.9.28	2013.11.3	2013.11.30	2014.1.1
‘6A2B’	一年生	—	—	—	—	—	—	13.52	16.40	—
	二年生	52.15	49.92	40.74	38.86	26.63	26.93	25.09	25.28	14.90
	三年生	—	—	—	—	—	—	—	—	20.98
‘7869’	一年生	—	—	—	—	—	—	22.68	30.18	—
	二年生	51.44	45.46	44.96	45.97	36.00	32.34	30.98	31.83	32.77
	三年生	—	—	—	—	—	—	—	—	27.66
‘966’	一年生	—	—	—	—	—	—	24.01	29.63	—
	二年生	41.89	44.73	39.19	40.37	32.36	33.60	31.92	29.21	34.94
	三年生	—	—	—	—	—	—	—	—	28.60

采收时间与生理年龄显著影响铁皮石斛中醇溶性浸出物的含量（表4-3）。一年生冬季至第二年萌芽前含量最高；第二年新芽萌动，大量浸出物转移到新生萌蘖条导致浸出物含量迅速下降；第二年冬季至第三年萌芽前含量达到第二高峰。

表4-3 采收时间与生理年龄对铁皮石斛浸出物含量的影响（义乌，%）

品种	生理年龄	2013.4.27	2013.6.1	2013.7.1	2013.8.1	2013.8.28	2013.9.28	2013.11.3	2013.11.30	2014.1.1
‘6A2B’	一年生	—	—	—	—	—	—	14.98	19.69	—
	二年生	4.37	5.25	5.40	6.85	7.65	8.79	10.25	14.90	26.18
	三年生	—	—	—	—	—	—	—	—	16.37
‘7869’	一年生	—	—	—	—	—	—	10.80	10.84	—
	二年生	6.33	3.32	5.27	6.56	7.59	8.25	11.00	9.31	15.15
	三年生	—	—	—	—	—	—	—	—	12.87
‘966’	一年生	—	—	—	—	—	—	8.58	9.80	—
	二年生	5.06	3.94	4.64	6.35	5.72	6.64	6.14	7.75	13.05
	三年生	—	—	—	—	—	—	—	—	10.74

生理年龄还显著影响铁皮石斛总生物碱及金属元素钾、钙、镁、锌、铬、铜、锰等含量。其中生物碱含量三年生最高，一年生最低，1～3年生样品平均值依次为0.0253%、0.0270%、0.0326%；钾含量随着生理年龄的增加而降低，1～3年生钾含量的平均值分别为1 490.51毫克/千克、1 150.47毫克/千克和974.71毫克/千克；锌和铜含量随着生理年龄的增加而增加，1～3年生锌和铜的平均值分别为1.34毫克/千克、3.82毫克/千克、7.67毫克/千克和0.68毫克/千克、0.97毫克/千克、1.27毫克/千克；锰在第三年时含量较高；钙、镁、铬含量变化不大。这些变化可能与铁皮石斛生理生化作用有关，如钾是多种酶的活化剂，并与光合作用有关，能促进叶绿素的合成，一年生铁皮石斛，新陈代谢旺盛，光合作用强，植物体对钾的需求量大；二年生时光合作用随着部分叶片的脱落有所减弱；第三年叶片基本脱落，植物体对钾的需求量也大大降低，部分钾元素转移到新生萌蘖条导致钾元素含量降低。锰是糖酵解中某些酶的活化剂，铁皮石斛萌条进入第三年后，多糖含量随着大量的开花而消耗，此时对锰的需求量也大大增加。锌和铜参与植物体氧化还原反应，这可能与铁皮石斛随着生理年龄的增加抗氧化有效成分的积累有关。钙参与细胞壁的合成，一旦形成后不易移动或转化。

目前，铁皮石斛的主要加工产品冲剂、浸膏、胶囊均为水提物加工而成，其主要功能性成分为多糖。因此，在自然生长的情况下，二年生或三年生开花前采收最佳，但采收时不能一次性采光，在萌芽时期必须保留部分母条，以促进新芽萌动与生长。保留母条与一次性采光对铁皮石斛生长的影响如图4-2所示。

图4-2　保留母条（左）与一次性采光（右）对铁皮石斛生长的影响

精准采收技术，专采二年生或三年生开花前萌条。一次种植可采收5年，采收时间提前至第2年，药材总产量翻番，多糖含量提高1/3，生产成本降低一半。

二、控花提质增产增收技术

动植物营养生长向生殖生长转化时，通常积累大量养分和能量，满足生殖发育需要。铁皮石斛是一种开花量很大的植物，开花会对它产生什么影响呢？

2010年5月28日和7月12日，分别采集浙江义乌森宇实业有限公司‘森山2号’铁皮石斛开花前后6份二年生样品，包括开花前样品2份，开花结束时经人工摘除花蕾（摘除花蕾时间为5月28日）的样品2份，开花结束时未摘花蕾（自然开花后药材）样品2份，采集信息见表4-4。

表4-4　铁皮石斛控花试验样品采集信息

样品	采样时间
开花前样品	2010年5月28日
自然开花样品	2010年7月12日
摘花蕾样品	2010年7月12日

1. 开花对铁皮石斛多糖含量的影响　开花前‘森山2号’铁皮石斛多糖含量为326.1毫克/克，未摘花蕾自然开花的样品多糖含量降至284.0毫克/克，而摘去花蕾的样品多糖含量升至370.2毫克/克，两者相差30.35%，说明二年生铁皮石斛在蕾期去花的状态下，叶片的光合作用使多糖不断得到积累，而开花则显著地消耗铁皮石斛中的多糖，使多糖呈负增长。开花前后铁皮石斛多糖含量的变化如图4-3所示。

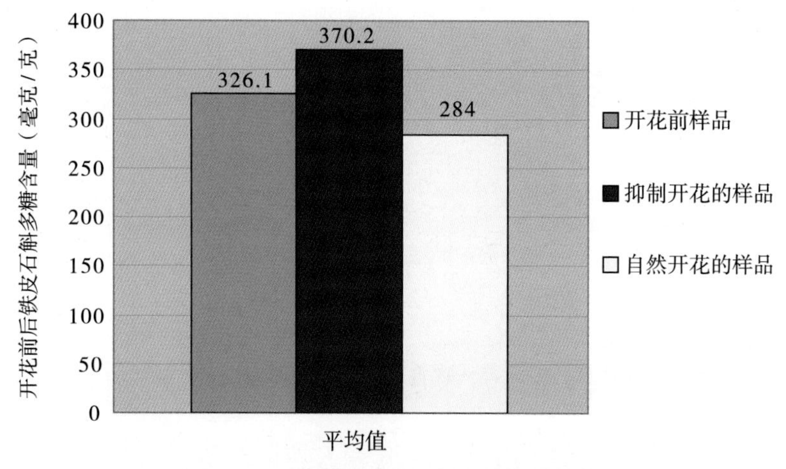

图4-3　开花前后铁皮石斛多糖含量的变化

2. 开花对铁皮石斛多糖中的单糖组成的影响　‘森山2号’铁皮石斛开花前后、抑制开花的样品，不仅总多糖的含量发生了变化，而且多糖中的各种单糖的含量及比例也发生了变化。

（1）甘露糖含量的变化　以指纹图谱中峰面积计算，开花前样品为8.06×10^7，开花结束时摘花蕾与未摘花蕾样品分别为9.69×10^7和7.66×10^7，摘花蕾样品比开花前增加了20.13%，未摘花蕾样品比开花前下降了4.96%，摘花蕾比未摘花蕾样品高26.44%，表明铁皮石斛在春夏开花季节阻止其开花，可实现甘露糖绝对量的增加，甘露糖下降的原因是开花消耗。开花前后铁皮石斛甘露糖含量的变化如图4-4所示。

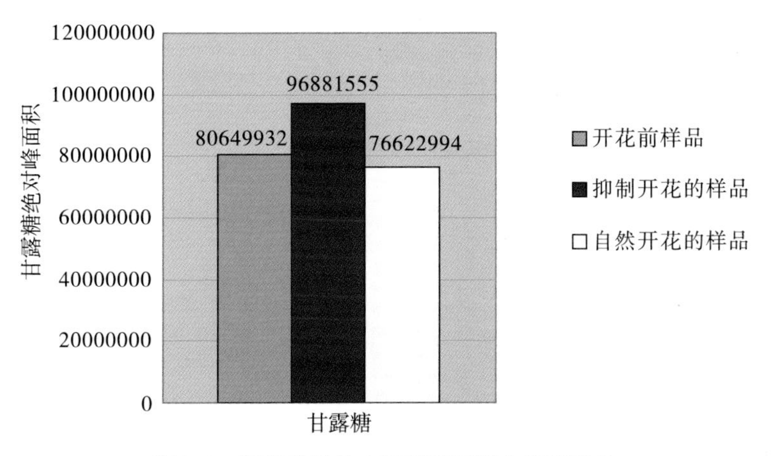

图4-4　**开花前后铁皮石斛甘露糖含量的变化**

（2）半乳糖醛酸含量的变化　开花前样品为3.75×10^5，开花结束时摘花蕾与未摘花蕾样品分别为3.69×10^5和3.05×10^5，摘花蕾样品与开花前相比差异不显著（下降了1.68%），未摘花蕾样品比开花前下降了18.59%，摘花蕾比未摘花蕾样品高20.78%，表明在春夏之交的开花季节，在摘除花蕾后半乳糖醛酸变化不大，但开花显著地消耗半乳糖醛酸。开花前后铁皮石斛半乳糖醛酸含量的变化如图4-5所示。

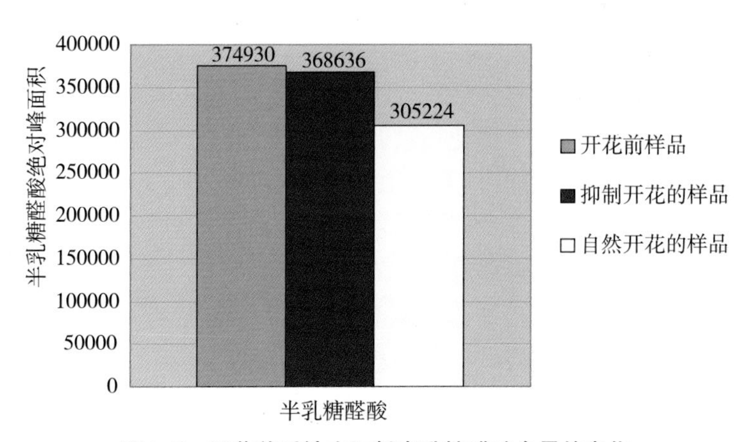

图4-5　**开花前后铁皮石斛半乳糖醛酸含量的变化**

（3）葡萄糖含量的变化　开花前样品为2.99×10^7，开花结束时摘花蕾与未摘花蕾样品分别为2.49×10^7和1.58×10^7，摘花蕾样品比开花前下降了16.57%，未摘花蕾样品比开花前下降了47.13%，摘花蕾比未摘花蕾样品高

57.80%，表明葡萄糖在春夏开花季节可能向其他物质转变，而开花又显著地消耗了葡萄糖。开花前后铁皮石斛葡萄糖含量的变化如图4-6所示。

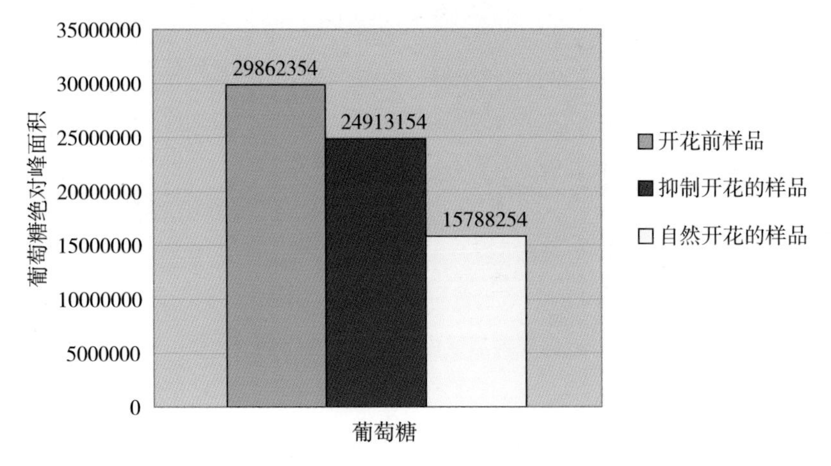

图4-6　开花前后铁皮石斛葡萄糖含量的变化

（4）半乳糖含量的变化　半乳糖在开花季节呈正增长，植株开花与否影响不大。

（5）木糖的变化　木糖在开花季节显著增长，开花前峰面积为0.70×10^5，开花结束时摘花蕾与未摘花蕾样品分别为0.99×10^5和1.38×10^5，摘花蕾样品比开花前增加了41.43%，未摘花蕾样品比开花前增加了97.14%，摘花蕾比未摘花蕾样品低28.26%，表明开花过程可能有利于木糖的积累。

（6）阿拉伯糖的变化　阿拉伯糖开花前峰面积为2.98×10^5，开花结束时摘花蕾与未摘花蕾样品分别为2.58×10^5和3.41×10^5，摘花蕾样品比开花前下降了13.42%，未摘花蕾样品比开花前增加了14.43%，摘花蕾比未摘花蕾样品低24.34%，表明开花过程可能有利于阿拉伯糖的积累。

铁皮石斛开花显著消耗铁皮石斛中的多糖，通过选育不开花品种、人工摘除花蕾或其他途径控制开花，可望显著提高铁皮石斛中的多糖含量。开花显著影响铁皮石斛样品多糖中的各种单糖绝对量，开花显著地消耗甘露糖、半乳糖醛酸、葡萄糖的含量，花蕾期去花可显著提高它们的含量；开花对半乳糖的影响不显著，而木糖、阿拉伯糖在开花过程呈正增长，说明开花过程可能有利于其积累。研究结果也提示，若以多糖和甘露糖为主要质控指标，2010版《中国药典》规定铁皮石斛“在11月至翌年3月采收”值得商榷，建议自然开花的基地在开花前采收，摘除花蕾或其他途径控制开花的基地采收期可延长至开花结束或更长的时间。铁皮石斛控花提质示范如图4-7所示。

图4-7　铁皮石斛控花提质示范

三、采后加工对铁皮石斛多糖含量的影响

采集二年生铁皮石斛茎，除叶片后采用直接烘干、烫后烘干、边搓边烘、烫后边搓边烘4种方法，分别在不同温度下烘干后备用。

1. 直接烘干　将新鲜茎条分别在室温、60℃、80℃、100℃ 4个不同的温度下烘干。

2. 烫后烘干　先将新鲜茎条在沸水中浸烫5分钟，捞出后分别在室温、60℃、80℃、100℃4个不同的温度下烘干。

3. 边搓边烘　先将新鲜茎条分别放在60℃、80℃、100℃烘箱内烘软，然后取出用双手揉搓，再放回原烘箱内烘一段时间（时间长短因温度及茎条干燥程度不同而不同），取出，用双手揉搓，如此反复5～8次，直至烘干。

4. 烫后搓烘　先将新鲜茎条在沸水中浸烫5分钟，然后分别放入60℃、80℃、100℃烘箱内烘软，反复搓烘，同方法3。

直接烘干、烫后烘干、边搓边烘、烫后边搓边烘4种不同方法加工后的铁皮石斛药材的外观性状（颜色、形状、质地等）有较大的差异。采用揉搓的方法可使药材节上的膜质叶鞘完全脱落，茎条变为扭曲状，烘干后药材外表颜色为金黄色，有光泽，质地坚实饱满；沸水烫后药材外表颜色略暗；直接烘干和只烫不揉搓的药材膜质叶鞘包裹茎的时间过长，导致干燥后药材的颜色较暗，并且茎条明显比较纤细。此外，烫、搓处理可明显缩短干燥所需的时间。不同方法加工的铁皮石斛药材性状特征见表4-5。

表4-5 不同方法加工的铁皮石斛药材性状特征

加工方法	颜色	形状	质地	其他
鲜药材	褐绿	圆柱形	肉质，多汁，易折断，断面平坦	节明显，节上有深灰色膜质叶鞘
直接烘干	黄	圆柱形Z字状	质地纤细，极易折断，断面纤维性	节明显，节上明显存留浅灰色膜质叶鞘，节上有纵皱纹
烫后烘干	暗黄	圆柱形Z字状	质地纤细，极易折断，断面纤维性	节明显，部分节上残存浅灰色膜质叶鞘，节上有纵皱纹
边搓边烘	金黄	圆柱形 扭曲状	质坚实饱满，易折断，断面纤维性	节明显，叶鞘均脱落，节上有细纵皱纹，有光泽
烫后搓烘	暗金黄	圆柱形 扭曲状	质坚实饱满，易折断，断面纤维性	节明显，叶鞘均脱落，节上有细纵皱纹，有光泽

不同方法加工铁皮石斛药材的多糖含量差异有统计学意义。经边搓边烘100℃和80℃处理的铁皮石斛药材多糖含量最高，分别为32.70%和32.58%；经直接烘干60℃处理的药材多糖含量最低，为26.59%。同一温度下采用边搓边烘加工方法的铁皮石斛药材多糖含量明显高于其他3种加工方法；对边搓边烘方法中不同加工温度进行分析，经过80℃和100℃处理的铁皮石斛药材多糖含量无显著性差异，但明显比60℃处理的样品多糖含量高。不同温度、不同方法加工铁皮石斛药材的多糖含量见表4-6。研究结果表明，传统的枫斗加工工艺具有科学性和必要性。

表4-6 不同温度、不同方法加工铁皮石斛药材的多糖含量（%）（$\bar{x} \pm s$）

处理方法	直接烘干	烫后烘干	边搓边烘	烫后边搓边烘
100℃	30.97 ± 0.30	29.68 ± 0.70	32.70 ± 0.17	29.24 ± 0.36
80℃	27.55 ± 0.52	28.86 ± 0.73	32.58 ± 0.71	31.86 ± 0.59
60℃	26.59 ± 0.74	28.28 ± 1.01	30.64 ± 0.54	27.10 ± 0.37
室温	29.81 ± 0.42	30.47 ± 0.47	—	—

四、不同处理方法对铁皮枫斗多糖提取的影响

采集二年生铁皮石斛茎，除叶片后按传统铁皮枫斗加工工艺（边搓边烘）加工，以不同处理方法（A）、提取物料比（B）、提取时间（C）、提取次数（D）为考察因素，进行正交试验。铁皮枫斗多糖的提取工艺见表4-7。铁皮枫斗多糖提取的正交试验结果见表4-8。

表4-7　铁皮枫斗多糖的提取工艺

序号	A（处理方法）	B（提取物料比）	C（提取时间，小时）	D（提取次数）
1	粉碎	1/667	2	1
2	直接投料	1/1 500	8	2
3	润拍	1/5 000	24	3

注：“粉碎”指将铁皮枫斗粉碎并过60目筛，“直接投料”指将整颗枫斗直接用于提取，“润拍”指枫斗用湿纱布包裹润透拍扁后用于提取。

表4-8　铁皮枫斗多糖提取的正交试验结果（n=3）

试验号	因素				提取多糖量（%）	提取率（%）
	A	B	C	D		
1	1	1	1	1	39.40	95.19
2	1	2	2	2	41.39	100.00
3	1	3	3	3	30.71	74.18
4	2	1	2	3	5.97	14.43
5	2	2	3	1	4.25	10.28
6	2	3	1	2	15.73	38.00
7	3	1	3	2	20.28	48.99
8	3	2	1	3	22.00	53.14
9	3	3	2	1	25.65	61.95
K_1	269.37	158.61	186.33	167.42		
K_2	62.71	163.41	114.43	186.99		
K_3	164.08	174.13	133.44	141.75		
R	206.66	15.52	71.89	45.23		

根据极差值大小可知粉碎程度对铁皮枫斗多糖提取率的影响最为明显（R=206.66），经粉碎处理的铁皮枫斗多糖提取率明显高于直接投料和润拍。

粉碎后的铁皮枫斗以物料比1/667（3克，2升水）煮2小时，测得多糖含

量为39.40%（按干物质计算）；按该条件对药渣再次进行提取，提取多糖含量为0.60%。可见对粉碎后的铁皮石斛粉末水煮2小时就能煮出95%的多糖。

对铁皮枫斗直接投料水煮进行提取次数的单因素试验：物料比1/667，提取时间为8小时，第一次提取多糖含量为3.43%；将药渣提取8小时，提取多糖含量为2.95%；药渣再次提取8小时，提取多糖含量为2.79%。可见铁皮枫斗直接投料水煮24小时也只能煮出多糖总量的22%。经典本草、方书对铁皮枫斗应用的记载中均强调“宽汤久煮”，研究证明铁皮枫斗直接投料法“宽汤久煮”也未必能充分提取药材中的多糖，通过粉碎将大大提高铁皮石斛多糖快速溶出速率，建议临床及保健食用铁皮枫斗时选用粉碎后水煮2小时。

第五章

铁皮石斛的药理活性与临床作用

TIEPISHIHU DE
YAOLI HUOXING YU LINCHUANG ZUOYONG

一、铁皮石斛的药理活性

《神农本草经》记载："石斛，味甘，平。主伤中，除痹，下气，补五脏虚劳、羸弱，强阴。久服，厚肠胃、轻身、延年。"现代药理研究表明，铁皮石斛在增强免疫力、抗肿瘤、抗氧化、抗疲劳、降血糖、生津、镇咳等方面均有功效。

1. 增强免疫　铁皮石斛，味甘，微寒。传统中医认为，甘味入脾，能滋补强壮。补肝悦脾，能提高机体免疫力，增强体质。清代黄宫绣《本草求真》记载石斛："入脾肾，甘淡微苦、咸平，故能入脾，除虚热"；清代汪昂《本草备要》："甘淡入脾，而除虚热"；《神农本草经》、《本草纲目》等都记载石斛有"补五脏虚劳、羸弱"之功效。

现代研究表明，铁皮石斛多糖能促进机体体液免疫、细胞免疫和诱生多种细胞因子，对非特异性及特异性免疫均有增强作用。强有力地消除实验条件下免疫抑制剂环磷酰胺加入所引发的副作用。铁皮石斛多糖对S180肉瘤小鼠T淋巴细胞转化功能、NK活性、巨噬细胞吞噬功能及溶血素值均有明显提高作用；体外能促进脾细胞增殖，增加NK细胞和巨噬细胞活性；临床观察发现，以铁皮石斛为君药，佐以西洋参制成的铁皮枫斗晶、铁皮枫斗颗粒及铁皮枫斗胶囊对气阴两虚证肺癌等癌症的辅助治疗有显著改善症状的效果，患者在治疗前后NK细胞有明显改善，机体免疫力提高。

2. 抗肿瘤　铁皮石斛味甘入脾补虚，扶正固本。研究表明，铁皮石斛多糖对小鼠S180实体瘤有一定的抑制作用，抑制率为9.7%~26.8%；提取物对鼻咽癌体外细胞模型及荷瘤裸鼠模型均有明显抑制作用；铁皮石斛多糖DCPPla-1对小鼠肝癌H22细胞有抑制作用。铁皮石斛中检测到的鼓槌菲（chrysotoxene）和毛兰素（erianin）这两个菲类化合物具抑制肝癌和艾氏腹水癌细胞活性；分离得到的联苄类化合物4,4'-二羟基-3,5-二甲氧基联苄对人卵巢癌细胞株（A2780）有抑制活性，4,4'-二羟基-3,3',5-三甲氧基联苄(dendrophenol)对人胃癌细胞株（BGC-823）和人卵巢癌细胞株（A2780）有抑制活性。

铁皮石斛 "养阴生津"之功效临床上用于恶性肿瘤的辅助治疗，尤其是对放疗和化疗过程中，或治疗后出现的阴津耗损症状，可减轻肿瘤患者化疗、放疗所致的副作用，增强免疫力，提高患者生存质量。铁皮石斛"养胃生津"，具有益气健脾作用，可减少化疗所致的胃肠道反应，减轻化疗对造血功能的损伤。临床观察发现，铁皮枫斗晶、铁皮枫斗颗粒与胶囊对气阴两虚证肺癌等癌症的辅助治疗能显著减轻放化疗副反应，患者在治疗前后CD_4^+/CD_8^+的比值有明显改善。

3. 抗疲劳　《神农本草经》、《本草纲目》、《千金翼方》、《圣济总录》、《太平圣惠方》等医书中均有以石斛为主药“补五脏虚劳羸弱”、“补诸虚劳损”的记载，《日华子本草》中“治虚损劳弱，壮筋骨”，《药性论》中“养肾气，益力”，《本草纲目拾遗》中“已劳损”，《本草备要》中“补虚劳”都说明石斛具有抗疲劳、强身健体之功效。

研究人员对铁皮石斛为主要原料的产品进行了抗疲劳作用研究，均显示出良好的抗疲劳效果。铁皮枫斗胶囊能明显延长小鼠的负重游泳时间；铁皮枫斗晶能明显延长小鼠负重游泳时间，降低小鼠运动后的血清尿素氮和血乳酸含量，即可提高运动耐力和加速消除疲劳。

4. 抗氧化　中医对于衰老的认识和研究有很多不同的理论和学说，早在《黄帝内经》中就指出：“女子五七，阳明脉衰，面始焦，发始堕；……丈夫五八，肾气衰，发堕齿槁；……”，后续还有学者总结出阴虚生火与衰老学说、津亏生燥与衰老学说，说明了“滋阴生津”为延缓衰老之要法。《本草纲目》记载“强阴益精”之石斛能“轻身延年……补肾益力，壮筋骨”，《本经续疏》“久服厚肠胃，轻身、延年”，说明石斛的延缓衰老作用早已被认识。

现代科学研究中，衰老机制学说中自由基学说已得到了普遍认可，即自由基氧化与衰老息息相关。铁皮石斛多糖表现出了很强的抗氧化能力，从侧面验证了其延缓衰老的功效。铁皮石斛多糖体外抗氧化性能研究表明，对碱性条件下邻苯三酚产生的超氧阴离子、Fenton体系产生的羟基自由基的清除作用和对烷基自由基引发的亚油酸氧化体系的抑制作用均有显著的效果，表明其具有较好的抗氧化活性。铁皮石斛多糖体外抗氧化活性能力与其相对分子质量的大小有关。

5. 益胃　“益胃”是铁皮石斛的一个主要功效。早在《神农本草经》就有“久服厚肠胃”的记载。《名医别录》、《本草衍义》、《本草纲目》、《本草再新》等中医药古籍也有“平胃气”、“治胃中虚热”等类似记载，称为“肠胃药”。铁皮石斛浸膏先使肠管抑制，几分钟后恢复到给药前水平。以铁皮石斛为主药的铁皮枫斗晶对胃阴虚证的药效学试验表明，该药能明显促进大鼠胃液分泌，增加胃液量、胃酸排出量与胃蛋白酶排出量；并能增强小鼠小肠推进，软化大便，证实了祖国医学有关石斛的养阴、益胃、生津作用。吴人照等按《中药新药临床研究指导原则》和《中医临床诊疗术语》的疾病诊断、症状分级量化标准和疗效标准，观察铁皮枫斗颗粒（胶囊）治疗慢性萎缩性胃炎气阴两虚证的临床疗效发现，铁皮枫斗颗粒组症状改善总有效率为98.6%，铁皮枫斗胶囊组总有效率为98.7%，生脉胶囊对照组总有效率为88.6%，表明铁皮枫斗颗粒和铁皮枫斗胶囊都具有良好益气养阴、养胃生津之功效，能有效改善慢性萎缩性胃炎气阴两虚证，临床未发现任何副作用。

6. 促进唾液分泌　《本草纲目拾遗》记载石斛能“清胃，除虚热，生津”。“生津”是铁皮石斛的一大功效，2010年版《中国药典》记载铁皮石斛“益胃生津，滋阴清热。用于热病津伤， 口干烦渴……”。现代研究表明，铁皮石斛的生津作用表现为促进腺体分泌。铁皮石斛能对抗阿托品对兔唾液分泌的抑制作用，合用西洋参还能促进家兔的正常唾液分泌，且能改善甲亢型阴虚小鼠的虚弱症状。另有研究表明，铁皮石斛能增加干燥综合症模型小鼠的唾液分泌量， 临床也显示其能改善干燥综合症患者唾液分泌量，改善其口干的症状。

7. 降血糖　传统中医将具有多饮、多食、多尿，久则身体消瘦或尿有甜味为主要症状的一类病症称为“消渴”，而消渴症包括糖尿病。消渴症早在《黄帝内经》中就有相关记载，提出治法以 “养阴生津，平衡阴阳”为主。《中药志》记载，石斛有“生津止渴”之功效；《本草纲目拾遗》有“除虚热，生津”；《本草再新》补载：“除心中烦渴，疗经肾虚热”；《本草正》有“能退火，养阴，除烦……亦止消渴热汗”；《中药大辞典》记载“清热养阴，用于热病伤津，口干烦渴”。石斛既能养阴生津止渴，又能清肺胃虚热，常用于消渴证。

现代研究表明， 铁皮石斛对正常小鼠血糖及血清胰岛素水平无明显影响，而能使肾上腺素性高血糖小鼠血糖降低，肝糖原含量增高；可使链脲霉素诱发的糖尿病(STZ- DM) 大鼠血糖降低，血清胰岛素水平升高，胰高血糖素水平降低，表明铁皮石斛对上述两种模型均有明显降血糖作用。以铁皮石斛为主要原料制成的铁皮枫斗胶囊也具有降血糖效果， 且与格列吡嗪合用具有协同作用。深入研究发现，铁皮石斛多糖对高糖诱导的血管内皮细胞NF- Kβ因子的过量表达有较好的抑制作用，提示其可能对糖尿病血管病变具有保护作用。

8. 降血压　高血压在传统中医中属头痛、眩晕等范畴，按病机不同常分为肝阳上亢型、肝肾阴虚型和脾虚痰瘀型等。《本草纲目》记载石斛“补五脏虚劳羸瘦，强阴益精，久服，厚肠胃，补内绝不足，平胃气……补肾益力，壮筋骨，暖水脏”。《本草备要》记载“甘淡入脾，而除虚热；咸平入肾，而涩元气”。“强阴益精”能育阴潜阳而治疗肝阳上亢、肝火厥逆上攻所致眩晕；“补五脏虚劳羸瘦”、“补肾益力”可滋补肝肾而用于“上气不足，髓海空虚”所致头晕目眩；“甘淡入脾”、“久服，厚肠胃”则可补脾和胃，用于“脾胃失运，聚湿生痰，气湿中阻，升降失司，上干清窍”所致头痛、眩晕为主症的高血压病。

现代药理学研究表明，铁皮石斛提取物具有降低易卒中型自发性高血压大鼠(SHR-sp)血压、中风发生率，延长生存时间等作用。临床观察显示，铁皮枫斗颗粒和胶囊均能改善气阴两虚证高血压病症状。

9. 抗肝损伤　铁皮石斛归胃、肾经。《医宗必读·乙癸同源论》有载：“壮水之源，木赖以荣”，中医素有肝肾同源之说。石斛入肾经，滋阴补肾，水充木荣，肝体得养。《金匮要略》云“见肝之病，知肝传脾，当先实脾”，故治肝先实脾。石斛甘淡入脾，益胃生津，培土荣木，健脾养肝。

现代药理学研究表明，铁皮石斛和铁皮枫斗对急性酒精性肝损伤模型小鼠具有抗氧化作用，能升高肝SOD、肝GSH-Px，降低血清和肝MDA，从而可减轻脂质过氧化造成的肝损伤。进一步研究显示，两者对慢性酒精性肝损伤小鼠的肝功能相关指标(ALT，AST，TC)也有一定的改善作用。

10. 止咳化痰　实验表明铁皮枫斗晶能明显促进小鼠气管酚红的排泌，也能明显促进家鸽气管纤毛运动，表明本药能提高呼吸道的排泌功能；能显著延长氨水引起的小鼠咳嗽的潜伏期，明显减少引咳小鼠的咳嗽次数，说明其有镇咳作用。

11. 其他药理作用　铁皮石斛能抑制肾脏微粒体Na^{+}-K^{+}-ATP酶活性，该酶是基础代谢下产生热能最主要的酶,中医的阳虚内热证可能是Na^{+}-K^{+}-ATP酶活性过高的一种表现，因此该药理作用与铁皮石斛滋阴清热的功效是相吻合的。此外，铁皮石斛以及铁皮枫斗颗粒在预防辐射性损伤方面也显示出良好作用。

二、铁皮石斛联盟系列产品简介

1. 铁皮石斛鲜品　铁皮石斛鲜条（图5-1）用清水冲洗后直接入口咀嚼，清爽自然，黏牙感强，少渣。新鲜铁皮石斛用清水洗净，掰成小段，直接放入榨汁机或豆浆机内，每1 000毫升纯净水可加入45克铁皮石斛鲜品，加水充分打碎即可饮用，饮用时可加入适当冰糖、蜂蜜或其他喜爱的食品。鲜铁皮石斛茶清雅脱俗，是传统草本养生茶的极致代表，制作铁皮石斛茶饮时，请根据饮用人数取适量新鲜铁皮石斛（每人每天15克左右）。

图5–1 **铁皮石斛鲜条**

铁皮石斛给人最深的印象就是滋阴、清补的功效，但铁皮石斛花（图5–2），对不少人来说还是很生疏。铁皮石斛花之所以不为大家所熟知，一个重要原因是它产量低，非常珍贵，在王室贵族史中才偶有记载。取石斛花10~15朵，直接用开水冲泡，有清香之味，有养颜清心之效，清热养阴，延缓女性衰老，缓解视力减退。取适量鲜石斛花，清洗干净，放入榨汁机中加入水，榨3～5分钟倒出即可饮用，可根据个人爱好添加适量的蜂蜜或冰糖。鲜石斛花、土鸡、枸杞等慢炖30分钟即可食用。此外，还可用于炒鸡蛋、蒸肉饼。

图5–2 **铁皮石斛鲜花**

2. 铁皮枫斗　铁皮枫斗（图5-3）由铁皮石斛加工而成，呈螺旋形或弹簧状，一般为2~5个旋环，长1.0~1.4厘米，直径0.7~1.0厘米；表面暗黄绿色或金黄绿色，有细纵皱纹，节明显，节上可见残留的膜质叶鞘或叶鞘纤维。常见一端为根头残留须根，称为“龙头”，另一端为茎尖，较细，称作“凤尾”；有的一端为根头或茎尖，另一端为斜形或平截形切面；有的两端均为切面。质坚实，略韧，不易折断，断面不平坦。口尝有淡淡的特有香气，味淡，嚼之初有黏滑感，久之有浓厚黏滞感，无渣或渣少。热水浸泡后茎拉直长3.5~8.0厘米，节间长1.7厘米以下。铁皮枫斗因其有效成分含量极高，质量上乘，疗效确切，备受人们推崇。

图5-3　**铁皮枫斗**

3. 森山牌铁皮枫斗冲剂　森山牌铁皮枫斗冲剂如图5-4所示。

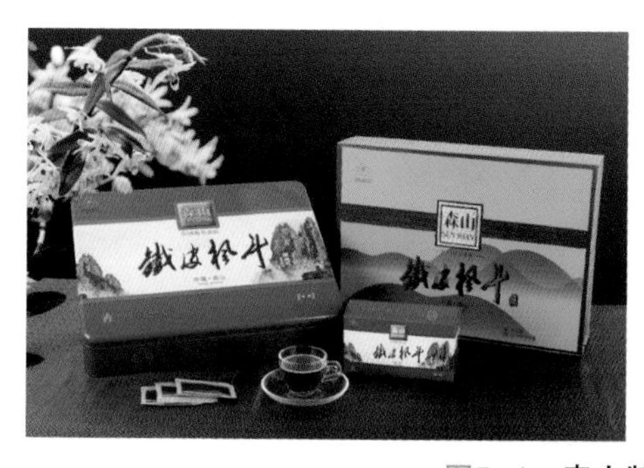

图5-4　**森山牌铁皮枫斗冲剂**

保健功能：免疫调节。

功效成分/标志性成分含量：每100克含粗多糖（以葡聚糖计）226毫克、总皂甙(以人参皂甙Re计) 224毫克。

主要原料：铁皮石斛、西洋参、麦门冬、玉竹、白砂糖。

适宜人群：免疫力低下者。

不适宜人群：少年儿童。

食用方法及食用量：每日2次，每次1包。

产品规格：3克/包。

保质期：24个月。

贮藏方法：常温保存。

批准文号：卫食健字(2003)第0452号。

4. 森山牌铁皮枫斗胶囊　森山牌铁皮枫斗胶囊如图5-5所示。

图5-5　森山牌铁皮枫斗胶囊

保健功能：免疫调节。

功效成分/标志性成分含量：每100克中含多糖 5.5克。

主要原料：铁皮石斛、北沙参、麦冬、玉竹。

适宜人群：免疫力低下者。

不适宜人群：少年儿童。

食用方法及食用量：每日2次，每次3粒。

产品规格：0.4克/粒。

保质期：24个月。

贮藏方法：常温保存。

批准文号：卫食健字(2002)第0082号。

5. 森山牌铁皮枫斗葆真片　森山牌铁皮枫斗葆真片如图5-6所示。

图5-6　森山牌铁皮枫斗葆真片

保健功能：延缓衰老。
功效成分/标志性成分含量：每100克含粗多糖 1.5克。
主要原料：铁皮石斛、麦门冬、玉竹、北沙参、淀粉、羟丙甲纤维素。
适宜人群：中老年人。
不适宜人群：少年儿童。
食用方法及食用量：每日2次，每次3片。
产品规格：0.3克/片。
保质期：24个月。
贮藏方法：常温保存。
批准文号：国食健字G20041492。

6. 森山牌铁皮石斛灵芝西洋参浸膏　森山牌铁皮石斛灵芝西洋参浸膏如图5-7所示。

图5-7　森山牌铁皮石斛灵芝西洋参浸膏

保健功能：增强免疫力。

功效成分/标志性成分含量：每100克含粗多糖 10.0克、总皂苷 2.8克。

主要原料：鲜铁皮石斛、灵芝、西洋参提取物、饮用水。

适宜人群：免疫力低下者。

不适宜人群：少年儿童、孕妇、乳母。

食用方法及食用量：每日2次，每次2毫升，口服。

产品规格：100毫升/瓶、200毫升/瓶（附量具）。

保质期：24个月。

贮藏方法：密闭、置阴凉干燥处，开瓶后冷藏保存。

批准文号：国食健字G20130875。

第六章

谈斛论经 有问必答

TANHU LUNJING YOUWEN BIDA

一、医药功效

1. 铁皮石斛系列产品是目前市场上最俏销的保健品之一，这是广告炒作的结果还是神奇药效的效果?

铁皮石斛始载于秦汉时期我国第一部药学专著《神农本草经》，列为上品，久服厚肠胃，轻身，延年。其后历代本草均有记载。1 000多年前的《道藏》将铁皮石斛列为“中华九大仙草”之首。2010年版《中国药典》对铁皮石斛单独收载。与张悟本《把吃出来的病吃回去》、马悦凌《不生病的智慧》存在本质区别，铁皮石斛的市场不是靠炒作而是凭借自身神奇的功效。中国中医药研究院院长张伯礼院士曾说：一个中药品种1亿元产值可以靠营销，5亿元靠疗效，10亿元靠科技。2013年铁皮石斛产值已经突破50亿元，靠的就是疗效加科技。

2. 铁皮石斛有何功能与主治?

《神农本草经》记载“主伤中，除痹，下气，补五脏虚劳、羸弱，强阴。久服厚肠胃，轻身，延年。”就是指铁皮石斛治五脏，肠胃阴虚之症，有补阴之功。2010年版《中国药典》记载铁皮石斛的功能与主治：益胃生津，滋阴清热。用于热病津伤，口干烦渴，胃阴不足，食少干呕，病后虚热不退，阴虚火旺，骨蒸劳热，目暗不明，筋骨痿软。

3. 《神农本草经》所记铁皮石斛“主伤中”与“下气”是什么意思?

“中”即内脏，“伤中”即内脏损伤，“主伤中”就是说铁皮石斛主治病症的范围为五脏、肠胃。“下气”即降气功能。降肺气，以治咳喘；降胃气，以治呃逆、恶心、呕吐、嗳气及反胃。

4. 铁皮石斛久服不伤人吗?

是的，久服不会伤人。《神农本草经》将传载的365味药物按其功用分为上、中、下三品，将《素问·至真要大论》中提出的药物三品分类理论付诸实践，其中上品主养命，没有毒副作用，用量大，长期服用不会伤人，宜轻身益气，不老延年者使用；中品主养性，有的有毒性，有的没有毒性，使用时要因人因病而异，宜遏制病邪、消除疾病、补养虚损者使用；下品主治病，多数有毒，不能长期服用。历代本草均把铁皮石斛列为上品，久服厚肠胃，轻身延年，没有毒副作用。

5. 铁皮石斛重治未病?

是的。“治未病”的概念最早出现于《黄帝内经》，在《素问·四气调神大论》中提出：“是故圣人不治已病治未病，不治已乱治未乱，此之谓也。夫病已成而后药之，乱已成而后治之，譬犹渴而穿井,斗而铸锥,不亦晚乎”，中医学历来重视疾病的预防，铁皮石斛主要功能是益胃生津，滋阴清热，是治未病的最佳良药，久服轻身延年。金元四大家、滋阴派创始人朱丹溪代表作《丹溪心法》，就有铁皮石斛方“肉苁蓉丸”，其主要功效为“壮元气，养精神”。

6. 铁皮石斛能增强性功能有什么依据?

《神农本草经》记载铁皮石斛“强阴”，张登本《全注全译神农本草经》注释为：“具有滋阴作用，可使阴液、阴津、阴精强盛充实。又，可提高阴茎勃起作用，增强性功能。”《本草纲目》记载“……阴中之阳”。孙思邈《备急千金要方》中以铁皮石斛茎秆为主要配伍的“白马茎丸”，主治空房独怒，见敌不兴，口干汗出，失精，囊下湿痒，尿有余沥；“琥珀散”主治虚劳百病，阳痿，精清力不足等症。《普济方》、《千金翼方》、《三因》、《太平圣惠方》、《圣济总录》等历代医学专著均有记载铁皮石斛能增强性功能、治疗肾虚的的古方，数以百计。

7. 铁皮石斛能促进生育吗?

能。孙思邈《备急千金要方》中第一个药方就是以铁皮石斛为主要配伍的“七子散”，主治丈夫风虚目暗，精气衰少，无子；因五劳七伤，虚羸百病所致妇人无子。“庆云散”主治丈夫阳气不足，不能施化，施化无成。《普济方》、《千金翼方》、《三因》、《太平圣惠方》、《圣济总录》等历代医学专著均有铁皮石斛能促进生育的记载。

8. 铁皮石斛有助于癌症辅助治疗吗?

是的。陈晓萍等对80例肺癌放、化疗患者，张沂平等对30例阴虚肿瘤患者放、化疗患者，姚庆华等对20例肿瘤化疗阴虚患者的临床观察发现，以铁皮石斛对气阴两虚证肺癌等癌症的辅助治疗有显著改善症状的效果，能显著减轻放化、疗副反应，提高肿瘤患者的机体免疫力。

9. 铁皮石斛能治胃病吗?

能。历代本草著作均有记载，铁皮石斛久服厚肠胃。吴人照等观察铁皮枫斗颗粒（胶囊）治疗慢性萎缩性胃炎气阴两虚证的临床疗效发现，铁皮枫斗颗粒组症状改善总有效率为98.6%，铁皮枫斗胶囊组总有效率为98.7%，明显优于对照组生脉胶囊总有效率的88.6%，临床未发现任何副作用。

10. 铁皮石斛对口腔溃疡有治疗作用吗?

有。俞群等观察铁皮石斛颗粒对气管插管患者口腔溃疡的治疗作用，用铁皮石斛颗粒外敷溃疡面，使病损部位得到物理保护，增强局部口腔黏膜的抗炎和修复能力，使溃疡愈合加快。将新鲜铁皮石斛嚼烂后敷于溃疡面，能显著加快溃疡愈合，久服能预防口腔溃疡的发生，有效率达90%以上。

11. 铁皮石斛能治疗牙痛吗?

能。将新鲜铁皮石斛嚼之，治虚火上升牙痛效果很好，一般当天见效。《医醇賸义》等铁皮石斛方“葛根白虎汤”、“清热胃关煎”均具有治疗牙痛功效。

12. 铁皮石斛能治盗汗吗?

能。《丹溪心法》记载的“四制白术散”就主治盗汗。历代医学专著铁皮石斛主治盗汗的药方不下20个。

13. 铁皮石斛能醒酒养胃吗?

能。久服铁皮石斛，可提高免疫功能，有助于保持和恢复酒量；酒后服铁皮石斛有助于醒酒养胃。临床上，常用于治疗酗酒性胃炎、慢性萎缩性胃炎。《备急千金要方》中铁皮石斛方“泻肺散”主治“酒客劳倦，或出当风，喜怒气舍于肺，面目黄肿，起即头眩，呃逆上气，时忽忽欲绝，心下弦急，不能饮食，或吐脓血，胸痛引背，支满欲呕。”

14. 铁皮石斛能治老年尿滴不尽吗?

能。明代李时珍《本草纲目》记载：铁皮石斛对小便余沥者，宜加之。清代黄宫绣《本草求真》记载：铁皮石斛对小便余沥者最宜。

15. 铁皮石斛有助于美容吗?

是的。铁皮石斛含有的黏液质，对人体皮肤有滋润营养作用，能使人皮肤光滑、利葆青春。《备急千金要方》卷四论曰：“凡妇人欲求美色，肥白罕比，年至七十与少不殊者，当服铁皮石斛也。”

16. 铁皮石斛能够明目吗?

能。历代医学专著关于铁皮石斛明目的药方很多，如《丹溪心法》中的“生熟地黄丸”、《道生八笺》中的“神妙膏”，其主要功效就是明目。

17. 铁皮石斛对产后虚损有效果吗?

铁皮石斛对产后虚损有很好的效果。《太平圣惠方》中的“石斛浸酒”、“石斛丸”，《圣济总录》中的“石斛丸”、“石斛汤”均用于产后虚损等症。

18. 铁皮石斛有护嗓作用吗?

据中国中医药报的报道，我国著名的播音员宋世雄，其保嗓药的妙方，是我国著名老中医刘渡舟教授介绍的：“清利咽喉，保护嗓子，用胖大海不如铁皮石斛效果好。”我国著名京剧表演艺术家梅兰芳、马连良等，也常服用以铁皮石斛为原料的饮料。《本草纲目拾遗》记载："石斛清胃除虚热、生津已劳损，以之代茶，功同参芪。"

19. 铁皮石斛有治疗中风的功效吗？

据《中国中医药科技》报道，铁皮石斛多糖为铁皮石斛降低血压、预防中风的主要有效成分。

20. 铁皮石斛能治疗高血压吗？

能。吴人照等对180例气阴两虚证高血压病患者使用铁皮枫斗颗粒、铁皮枫斗胶囊进行临床研究，发现铁皮枫斗对中医气阴两虚证高血压病改善症状疗效显著，疗效明显优于生脉胶囊对照组，口服30天未见毒副作用。

二、服用方法

1. 铁皮枫斗磨成粉、制成丸服用效果好吗？

不好。铁皮枫斗磨成粉后直接口服，其药用价值不能得到最佳利用。明代李中梓《本草征要》等均记载，铁皮枫斗宜于汤液，不宜入丸。

2. 用铁皮枫斗浸酒好吗？

好。《本草纲目》记载，铁皮石斛酒浸酥蒸，服满一镒，永不骨痛也。历代本医学专著记载了许多铁皮石斛浸酒的处方，治疗虚寒、中风、风寒湿痹、风腰脚疼痛等症。

3. 除了浸酒外，铁皮枫斗还有其他好的服用方法吗？

铁皮石斛宜入煎剂、熬膏。《中药大辞典》中记载：此物最耐久煮，一味浓煮，始有效力，若杂入群药中仅煮沸30~40分钟，其味尚未出也。"熬膏更良"，多部历代本草著作都有记载。现在市场上的"森山铁皮石斛冲剂"等保健品，就是通过宽汤久煎、精炼浓缩等工艺生产，最大限度地提高了铁皮枫斗的功效。

4. 铁皮石斛可以鲜食吗？

可以。可用豆浆机榨汁，也可像吃水果一样吃。浙江省铁皮石斛产业技术创新战略联盟联合选育的'6A2B'，渣少、口感好，非常适合鲜食。

5. 铁皮石斛适合煲汤吗？

非常适合，但通常要煲2小时以上。取新鲜的铁皮石斛30克，用清水冲洗干净，拍扁，根据个人口味喜好，可一同煲鸡、煲鸭、煲骨、煲鱼等。2011年12月3日《广州日报》推荐今日靓汤"石斛麦冬煲老鸭"， 材料：石斛15克、麦冬12克、枸杞子10克、芡实20克（中药店均有售），老鸭半只、猪瘦肉100克，生姜3片。烹制：各物分别洗净，药材浸泡；老鸭去脏杂、尾部；一起下瓦煲，加清水2 500毫升（约10碗量），武火滚沸后改为文火煲约2小时，下盐便可。为4～5人用。具有滋阴清热、益胃生津、润肺清心之功，为现时周末的家庭靓汤。

6. 铁皮枫斗适合泡茶吗?

将铁皮枫斗粉碎成末，3~5克/（人·天），沸水冲饮，持续30天有特效。也可将铁皮枫斗加水煮30分钟以上饮用，可循环饮用。具有清热滋阴，抗疲劳等作用。

7. 铁皮石斛花适合泡茶吗?

比起铁皮石斛，其花更适合日常的泡茶保健。首先，它保留了原植物铁皮石斛的药用价值；其次，它还有花草的特性，轻清，疏达，能解郁，不伤胃，不伤正气。"方回春堂"的参茸产品质检专家杨其康说，铁皮石斛花具有清热、解郁的药用价值，每天用来泡茶喝，不但可调节肠胃、增强抵抗力，舒缓精神压力和心情抑郁，安心宁神，夏天还能消暑。

8. "铁皮石斛的主要功效是滋阴，因此适合女性服用"的说法对吗?

不对。滋阴，中医名词，指滋养阴液的一种治法。适用于阴虚潮热，盗汗，或热盛伤津而见舌红、口燥等症。症见形体消瘦、头晕耳鸣、唇赤颧红、虚烦失眠、潮热盗汗、喘咳咯血、遗精、舌红少苔，脉细数等。因此，滋阴不光是女人的事，对男人更重要。

9. 新鲜的铁皮石斛花可以烧菜吃吗?

可以。可用铁皮石斛花炒腊肉、炒鸡蛋。新鲜的铁皮石斛花的口感鲜脆可口，别有一番风味。

三、真伪优劣

1. 石斛与铁皮石斛有什么区别?

石斛为兰科石斛属植物的总称，全球约有1 000余种，我国共有74种2变种。石斛与铁皮石斛的区别首先是原植物不同，2010年版《中国药典》规定，石斛为兰科植物金钗石斛（*D. nobile*）、鼓槌石斛（*D. chrysotoxum*）和流苏石斛（*D. fimbriatum*）的栽培品及其同属植物近似种的新鲜或干燥茎；铁皮石斛为兰科植物铁皮石斛（*D. officinale*）的新鲜或干燥茎。其次，两者的药效价值不同，铁皮石斛是石斛类植物中药用价值最高的一种，在民间被称为"救命仙草"，国际药用植物界称其为"药界大熊猫"。第三，两者的市场价格存在巨大差别，铁皮石斛是其他石斛的5~100倍。用石斛冒充铁皮石斛是违法的。

2. 铁皮枫斗与铁皮石斛有什么区别?

铁皮枫斗用铁皮石斛新鲜的茎加工而成，边加热边扭成螺旋形或弹簧状，烘干。铁皮枫斗一般为2~5个旋环，长1.0~1.4厘米，直径0.7~1.0厘米；茎直径0.2~0.4厘米。表面暗黄绿色或金黄绿色，有细纵皱纹，节明显，节上可见残留的膜质叶鞘或叶鞘纤维。常见一端为根头残留须根，称为“龙头”，另一端为茎尖，较细，称作“凤尾”。铁皮枫斗习称耳环石斛。

将铁皮石斛新鲜的茎切成段，干燥或低温烘干，习称铁皮石斛。

3. 铁皮枫斗与枫斗有什么区别?

铁皮枫斗由铁皮石斛加工而成，而枫斗由其他石斛加工而成，两者的区别就是石斛与铁皮石斛的区别，用枫斗冒充铁皮枫斗同样是违法的。

4. 一般人如何鉴别铁皮枫斗的真伪优劣?

实事求是地说，不仅一般人鉴别铁皮石斛真伪优劣很困难，就是从事铁皮石斛研究的专家鉴别其真伪也很难。宋代以来《证类本草》、《本草图经》、《本草衍义》等本草著作均有类似记载，真石斛功效确切，但木斛浑行，医工亦不能明辨。现代高等植物的分类，一般以花和果为主要依据，植物的茎、叶在分类中通常只能起初步鉴别的作用，铁皮枫斗是植物的茎，而且经过加工，鉴别就更加困难。

当然，根据作者多年从事铁皮石斛研究的经验，鉴别还是有一些门道的。首先，铁皮枫斗表面暗黄绿色或金黄绿色，有细纵皱纹，节明显，节上可见残留的膜质叶鞘或叶鞘纤维。其次，质坚实，略韧，不易折断，断面不平坦。第三，口尝有淡淡的特有香气，味淡，嚼之初有黏滑感，久之有浓厚黏滞感，无渣或渣少，味苦的、渣多的、无黏滞感的肯定是伪品。第四，热水浸泡后汤色淡黄，节间长2厘米以内。其中第三点最重要，黏滞感越强渣越少越好。

5. 目前市场上与铁皮枫斗最易混淆的枫斗是什么?

目前市场上与铁皮枫斗最易混淆的枫斗是紫皮枫斗，两者均无苦味，嚼之有黏滑感。两者的主要区别是：铁皮枫斗热水浸泡后汤色淡黄，节间长一般在2厘米以内，紫皮枫斗热水浸泡后汤色呈淡紫红色，节间长一般在2.5厘米以上。两者的市场价格存在巨大差别，铁皮枫斗是紫皮枫斗的5~10倍。

6. 专家如何鉴别铁皮枫斗的真伪?

2010年版《中国药典》对铁皮石斛药材鉴别、检查、含量测定作出了规定。采用横切面和薄层色谱鉴别；甘露糖与葡萄糖的峰面积比作检查，要求甘露糖与葡萄糖的峰面积比为2.4~8.0；干燥品多糖含量不少于25%，甘露糖含量为13%～38%。但根据作者的研究，鉴别方法尚待进一步完善，如甘露糖与葡萄糖的峰面积比随着采收季节变化很大。

7. 铁皮石斛野生的好还是栽培的好?

人工栽培的铁皮石斛质量胜过野生的。人工栽培的铁皮石斛通过品种控制、精准采收、控花提质等关键技术的应用，多糖等有效成分可达40%以上，比野生药材高1倍以上。此外，从法律角度来讲，铁皮石斛是国家二级保护植物，采集、流通、消费野生铁皮石斛都是违法的；从资源现实来讲，野生资源基本枯竭，事实上现在市场上的铁皮石斛都是人工栽培的。

8. 铁皮石斛是越老越好吗?

不是。人参越老越好，而铁皮石斛不是越老越好，这与它们的生物特性有关。人参用的是根部，通常寿命很长，是养分、有效成分积累贮存的器官，每年叶片光合作用的产物都贮存在根部，日积月累，其药效越来越好。而铁皮石斛用的是茎部，通常寿命只有4年，其有效成分的积累，如同一个人的成长一样，如果早采收，太年轻、不成熟，积累没有达到顶峰；如果迟采收，太成熟了，如同年老体衰，有效成分回流丧失。

9. 什么地方产的铁皮石斛最好?

历代本草著作均记载石斛生六安。《本草从新》记载：味甘者良，温州最上，广西略次，广东最下；《本草图经》卷四记载，石斛“……今温、台州亦有之”，《本草乘雅半偈》第二帙记载，石斛“出……台州、温州诸处，近以台州、温州为贵”。从历史上看，安徽、浙江产野生铁皮石斛质量最佳，北纬30° 地区是优质铁皮石斛分布的中心。现在铁皮石斛都是人工栽培，质量优劣除了产地外，更重要的是栽培的品种，品种是优质药材生产的基础。

10. 有人说铁皮石斛生长很慢，每年只能长几节、几厘米，一根30厘米长的铁皮石斛一般要长4年以上，真的吗?

假的。铁皮石斛生长与毛竹相似，当年长多高就多高，当年长几节就几节，第二年就不会长高了，但第二年在基部能萌发新芽，长出新的铁皮石斛。

11. 如何贮存铁皮枫斗?

低温、密闭、干燥、避光的环境下贮存铁皮枫斗比较好。家庭中少量铁皮枫斗可在冰箱中冷藏。

12. 如何贮存铁皮石斛鲜条?

新鲜的铁皮石斛贮存最主要的是不能密闭。许多人怕新鲜的铁皮石斛失去水分，将铁皮石斛密闭在塑料袋中，结果导致霉变。新鲜的铁皮石斛在透气条件下贮存一年也不会腐烂，第二年还能在节上萌发新芽，枯而不死、僵而不烂也是其非常神奇的地方。家庭中少量的铁皮石斛可用纸或布袋包装后在冰箱中冷藏。

四、资源培育

1. 铁皮石斛人工栽培容易吗？

不容易。铁皮石斛人工栽培涉及多项高新技术，具有高投入、高产出、高风险三高特点，没有原始积累、没有技术支撑、没有抗风险能力不要入行。

2. 种1亩铁皮石斛大概需要多少投入？

种1亩集约经营的铁皮石斛一般需要12万元左右，其中种苗约5万元（10万株），设施大棚约2.5万元，基质约2.5万元，水肥、道路及自动喷灌等约2万元。

3. 人工栽培铁皮石斛最关键的技术问题有哪些？

首先是种苗，种苗是药材生产的基础，要求良种壮苗。其次是栽培基质，最佳基质是“松树皮+河卵石+有机肥”，用木屑也能栽培。第三是丛栽，3～5株1丛，不能单株栽植。第四是控制光照，要求遮阳70%，透光率30%。第五是控水，既要水分充足又不能积水。第六是控温，夏天要降温，冬天要防冻。

4. 中药品种与药用植物栽培品种有什么区别？

中药品种是指一味中药的药名，其药源可能有几种植物，如石斛，2010年版《中国药典》规定，石斛为兰科植物金钗石斛、鼓槌石斛、和流苏石斛的栽培品及其同属植物近似种的新鲜或干燥茎。药用植物栽培品种，是一种生产资料，《中国农业百科全书》作物卷中的品种概念：经人工选择培育，在遗传上相对纯合稳定，在形态特征和生物学特性上相对一致，并作为生产资料在农业生产中应用的作物类型。具有较高经济价值，符合人类需要，能适应一定地区自然条件和栽培条件。农作物优良品种的科技贡献率达33%，只有人工栽培才需要品种，历史上药材主要利用野生资源，所以不需要品种；今天占产量70%以上的药材靠人工栽培，不讲品种既不科学也不现实。

5. 药用植物品种如此重要，品种选育取得了哪些进展？

作者单位率先突破了人工双亲控制授粉技术，创制全同胞F_1代。实现目标育种，品种专用化，选育鲜食、枫斗、浸膏专用品种，并通过有性制种

（杂交F_1代）、无性扩繁（组织培养）发挥杂交优势，防止品种退化。如鲜食型品系要求渣少、口感好，浸膏专用品种要求浸提得率高、有效成分多，加工铁皮枫斗品种要求适合加工。

6. 铁皮石斛栽培有哪些成功模式?

一是高效设施仿生栽培，采用设施大棚，自动喷灌。二是活树附生原生态栽培，利用森林树木自然遮阳，在树干上栽培。三是立体栽培，兼备设施栽培与活树附生原生态栽培的优点，提高土地利用率、药材的产量与质量。四是盆栽或穴盘栽培。

7. 活树附生原生态栽培有那些关键技术?

活树附生原生态栽培是以自然生长的森林环境作为载体，利用其枝叶适当遮阴效果，形成有利于铁皮石斛生长环境的一种种植方法。一是栽培品种必须能在正常野外越冬，防止冻害。二是必须要求选择遮阳50%~70%，透光率为30%~50%左右的林下空间。三是必须有水源，能定时喷水或喷雾。栽培时，用可降解无纺布或稻草自上而下呈螺旋状缠绕，在树干上按3~5株1丛，丛距8厘米左右，栽植二年生种苗。

8. 铁皮石斛一年四季都能采收吗?

不能。《神农本草经》记载：“药有采造时月，生熟”。唐代药王孙思邈《千金翼方》记载：“夫药采取，不知时节，不依阴干暴干，虽有药名，终无药实，故不依时采取与朽木不殊，虚费人工，卒无裨益。”说的都是药材采集必须在适宜的季节，否则与朽木一样，铁皮石斛也不例外。

9. 铁皮石斛在什么时候采收最好?

在二年生、三年生开花前采收最好。动植物生殖往往需要大量养分和能量，因此动植物营养生长向生殖生长转化时，积累的养分和有效成分最多。另一方面，生理年龄为一年生的铁皮石斛叶片生长旺盛，有利于多糖的积累，三年生铁皮石斛叶片已经全部脱落并伴随植株大量开花，多糖不仅得不到积累而且大量消耗。浙江产铁皮石斛在生理年龄二年生、三年开花前多糖含量最高。

10. 控花为什么能够提质?

铁皮石斛是一种开花量很大的植物，我们的研究结果表明（详见《中国中药杂志》2011年第16期），开花导致铁皮石斛多糖含量下降26.44%，甘露糖含量下降20.78%，葡萄糖含量下降57.80%，开花显著影响铁皮石斛的有效成分。该项技术已经申请国家发明专利（201110044537.4）。

参考文献

CANKAO WENXIAN

白音, 包英华, 王文权, 等. 2007. 国产石斛属植物亲缘关系的AFLP分析 [J]. 园艺学报, 34 (6) : 1569–1574.

包雪声, 顺庆生, 叶愈青, 等. 1999. 石斛类药材枫斗的历史及现状 [J]. 中草药, 22 (10) : 540–542.

包雪声. 2001. 中国药用石斛 [M]. 上海 : 复旦大学出版社.

鲍素华, 查学强, 郝杰, 等. 2009. 不同分子量铁皮石斛多糖体外抗氧化活性研究 [J]. 食品科学, 30 (21) : 123–127.

陈谦海. 2004. 贵州植物志（第十卷） [M]. 贵阳 : 贵州科技出版社.

陈素红，颜美秋，吕圭源，等. 2013. 铁皮石斛保健食品开发现状与进展 [J]. 中国药学杂志, 48 (19) : 1625–1628.

陈晓萍, 张沂平, 朱娴如, 等. 2006. 铁皮枫斗颗粒（胶囊）治疗肺癌放化疗患者气阴两虚证的临床研究. 中国中西医结合杂志, 26 (5) : 394–397.

付开聪, 冯德强, 张绍云, 等. 2003. 铁皮石斛集约化高产栽培技术研究 [J]. 中草药, 34 (2) : 177–179.

傅书遐. 2002. 湖北植物志4 [M]. 武汉 : 湖北科技出版社.

高亭亭, 斯金平, 朱玉球, 等. 2012. 光质与种质对铁皮石斛种苗生长和有效成分的影响 [J]. 中国中药杂志, 37(2) : 198–201.

国家环境保护局, 中国科学院植物研究所. 1987. 中国珍稀濒危保护植物名录 [M]. 北京 : 科学出版社.

吉占和. 1999. 中国植物志（第19卷）[M]. 北京：科学出版社.
江苏省植物研究所. 1977. 江苏植物志（上册）[M]. 江苏：江苏人民出版社.
金小丽, 苑鹤, 斯金平, 等. 2011. 开花对铁皮石斛多糖质量分数及单糖组成的影响 [J]. 中国中药杂志, 36 (16) : 2176–2178.
兰茂. 2000. 滇南本草 [M]. 昆明：云南科技出版社.
李聪, 宁丽丹, 斯金平, 等. 2013. 铁皮石斛采后加工及提取方法对多糖的影响 [J]. 中国中药杂志, 38(4) : 524–527.
李聪, 斯金平, 高燕会, 等. 2014. 铁皮石斛Ty1–copia类反转录转座子反转录酶(RT)序列的克隆与分析 [J]. 中国中药杂志, 39 (2) : 209–215.
李东宾, 高燕会, 斯金平, 等. 2013. 铁皮石斛HSP70基因的克隆及冷胁迫表达分析 [J]. 中国中药杂志, 38(20) : 3446–3452.
李东宾, 高燕会, 斯金平. 2013. 冷胁迫下铁皮石斛抗寒相关基因的SCoT差异表达分析 [J]. 中国中药杂志, 38(4) : 511–515.
李慧林, 耿宝琴, 雍定国. 2001. 铁皮枫斗晶对呼吸道功能的影响 [J]. 中药药理与临床, 17 (5) : 32–33.
刘骅, 张治国. 1998. 铁皮石斛试管苗壮苗培养基的研究 [J]. 中国中药杂志, 23 (11) : 654–656.
刘志高, 朱波, 斯金平, 等. 2013. 铁皮石斛F_1代苗期农艺性状研究 [J]. 中国中药杂志, 38(4) : 498–503.
鹿伟, 陈玉满, 徐彩菊, 等. 2010. 铁皮石斛抗疲劳作用研究 [J]. 中国卫生检验杂志, 20 (10) : 2488–2490.
吕圭源, 颜美秋, 陈素红. 2013. 铁皮石斛功效相关药理作用研究进展 [J]. 中国中药杂志, 38(4) : 489–493.
倪勤武, 来平凡. 2000. 浙江富阳发现野生黑节草 [J]. 中国中医药信息杂志, 7 (8) : 20, 45.
任羽, 杨光穗, 尹俊梅, 等. 2007. 石斛种质资源遗传多样性的RAPD分析 [J]. 热带农业科学, 23 (6) : 598–600.
斯金平, 诸燕, 朱玉球. 2009. 铁皮石斛人工栽培技术的研究与应用进展 [J]. 浙江林业科技, 29 (6) : 66–70.
斯金平, 何伯伟, 俞巧仙. 2013. 铁皮石斛良种选育进展与对策 [J]. 中国中药杂志, 38(4) : 475–480.

斯金平，童再康. 2001. 厚朴 [M]. 北京 : 中国农业出版社.

斯金平, 俞巧仙, 宋仙水, 等. 2013. 铁皮石斛人工栽培模式 [J]. 中国中药杂志, 38(4) : 481–484.

斯金平, 俞巧仙, 叶智根. 2012. 仙草之首——铁皮石斛养生治病 [M]. 北京 : 化学工业出版社.

王立明, 徐建华, 陈立钻, 等. 2002. 铁皮枫斗晶对实验性胃阴虚证的药效学研究 [J]. 中成药, 24 (10) : 803–805.

王强, 徐国钧. 2003. 道地药材图典・西南卷 [M]. 福州 : 福建科学技术出版社.

吴昊姝, 徐建华, 陈立钻, 等. 2004. 铁皮石斛降血糖作用及其机制的研究 [J]. 中国中药杂志, 29 (2) : 160–163.

吴人照, 陈军贤, 夏亮, 等. 2004. 铁皮枫斗颗粒（胶囊）治疗慢性萎缩性胃炎气阴两虚证临床研究 [J]. 上海中医药杂志, 38 (10) : 28–29.

吴人照, 杨兵勋, 黄飞华, 等. 2010. 铁皮枫斗颗粒（胶囊）治疗气阴两虚证高血压病180例观察 [J]. 浙江中医杂志, 45 (1) : 35–37.

吴人照, 杨兵勋, 李亚平, 等. 2010. 铁皮石斛对易卒中型自发性高血压大鼠（SHR–sp）36周血压影响的实验研究 [J]. 浙江中医杂志, 45 (10) : 723–725.

吴韵琴, 斯金平. 2010. 铁皮石斛产业现状及可持续发展的探讨 [J]. 中国中药杂志, 35 (15) : 2033–2037.

肖根培. 2001. 新编中药志（第三卷）[M]. 北京 : 化学工业出版社.

谢明璐, 侯北伟, 韩丽, 等. 2010. 珍稀铁皮石斛SSR标记的开发及种质纯度鉴定 [J]. 药学学报, 45 (5) : 667–672.

苑鹤, 白燕冰, 斯金平, 等. 2011. 柱前衍生HPLC分析铁皮石斛多糖中单糖组成的变异规律 [J]. 中国中药杂志, 36 (18) : 2465–2470.

苑鹤, 林二培, 朱波, 等. 2011. 铁皮石斛人工栽培居群的遗传多样性研究 [J]. 中草药, 42(3) : 566–569

张爱莲, 魏涛, 斯金平, 等. 2011. 铁皮石斛中基本氨基酸含量变异规律 [J]. 中国中药杂志, 3636 (19) : 2632–2635.

张红玉, 戴关海, 马翠, 等. 2009. 铁皮石斛多糖对S180肉瘤小鼠免疫功能的影响 [J]. 浙江中医杂志, 44 (5) : 380–381.

张沂平, 马胜林, 朱远. 2000. 铁皮枫斗晶对肿瘤患者放化疗辅助治疗的疗效观察 [J]. 中国中西医杂志, 20 (8) : 628.

张中建, 阎小伟. 2004. 铁皮石斛制剂免疫调节作用的实验研究 [J]. 食品研究与开发, 25 (2) : 34–35.

章晓玲, 刘京晶, 吴令上, 等. 2013. 铁皮石斛F_1代多糖和醇溶性浸出物变异规律研究 [J]. 中国中药杂志, 38(21) : 3687–3690.

章晓玲, 斯金平, 吴令上, 等. 2013. 铁皮石斛F_1代田间试验与优良家系选择 [J]. 中国中药杂志, 38(22) : 3861–3865.

赵运林, 喻勋林, 傅晓华, 等. 2009. 湖南药用植物资源 [M]. 长沙 : 湖南科学技术出版社.

中国科学院昆明植物研究所. 2003. 云南植物志 [M]. 北京 : 科学出版社.

2010. 中国药典（一部）[S]. 北京 : 化学工业出版社.

周桂芬, 吕圭源. 2011. 柱前衍生化HPLC分析不同来源、不同生长年限铁皮石斛多糖的组成和含量 [J]. 中国药学杂志, 46 (8) : 626–629.

朱波, 苑鹤, 俞巧仙, 等. 2011. 铁皮石斛花粉活力与种质创制研究 [J]. 中国中药杂志, 36(6) : 755–757.

朱波, 苑鹤, 俞巧仙, 等. 2011. 铁皮石斛花粉活力与种质创制研究 [J]. 中国中药杂志, 36 (6) : 755–757.

诸燕, 斯金平, 郭宝林, 等. 2010. 人工栽培铁皮石斛多糖含量变异规律 [J]. 中国中药杂志, 35 (4) : 427–430.

诸燕, 苑鹤, 李国栋. 2011. 铁皮石斛中11种金属元素含量的研究 [J]. 中国中药杂志, 36 (3) : 356–360.

诸燕, 张爱莲, 何伯伟. 2010. 铁皮石斛总生物碱含量变异规律 [J]. 中国中药杂志, 35 (18) : 2388–2391.

DING G, ZHANG D Z, DING X Y, et al. 2008. Genetic variation and conservation of the endangered Chinese endemic herb *Dendrobium officinale* based on SRAP analysis [J]. Plant SystEvol, (276) : 149–156.

GU S, DING X Y, WANG Y, et al. 2007. Isolation and characterization of microsatellite markers in *Dendrobium officinale*, an endangered herb endemic to China [J]. Molecular Ecology Notes, (7) : 1166–1168.

LAU D T, SHAW P C, WANG, et al. 2001. Authentication of medic–inal Dendrobium species by the internal transcribed spacer of ribosomal DNA [J]. Planta Med, 67 (5) : 456–460.

LI X X, DING X Y, CHU B H, et al. 2008. Genetic diersity analysis and conservation of the endangered Chinese endemic herb *Dendrobium officinale* Kimura et Migo (Orchidaceae) based on AFLP [J]. Genetica, 133 : 159–166.

SHEN J, DING X Y, LIU D Y, et al. 2006. Intersimple sequence repeats（ISSR）molecular fingerprinting markers for authenticating populations of *Dendrobium officinale* Kimura et Migo [J].Biological & Pharmaceutical Bulletin,29 (3) :420–422.